模拟电子技术实验指导

主　编　陈庭勋
副主编　俞红杰　冯燕尔

ZHEJIANG UNIVERSITY PRESS
浙江大学出版社

内容简介

本书针对电子技术的模拟电路部分实验教学编写,共二十三个实验项目,包括基础类实验十二个、设计性实验八个、综合性实验三个,所涉及的器件种类较广,适合当今实验教学的发展方向。本书所采用的电路经过多次试用、筛选、改进,所编内容都有较好的实验效果。教师可根据教学计划的学时数要求及课程教学大纲的要求,适当选择其中的项目进行实验。

本书重点在于技能训练、电路操作、仪器使用、实验方法分析与设计,可作为高等学校计算机类、电子类、电气类、自动化类、物理教学类专业的本科、高职、高专的实验教材,也可作为业余电子制作的参考资料。

图书在版编目（CIP）数据

模拟电子技术实验指导 / 陈庭勋主编. —杭州：浙江大学出版社，2009.8（2024.8重印）

应用型本科规划教材

ISBN 978-7-308-06949-6

Ⅰ. 模… Ⅱ. 陈… Ⅲ. 模拟电路－电子技术－实验－高等学校－教学参考资料 Ⅳ. TN710-33

中国版本图书馆 CIP 数据核字（2009）第 148740 号

模拟电子技术实验指导

主　编　陈庭勋

责任编辑	杜希武
封面设计	刘依群
出版发行	浙江大学出版社
	（杭州市天目山路 148 号　邮政编码 310007）
	（网址：http://www.zjupress.com）
排　　版	杭州好友排版工作室
印　　刷	广东虎彩云印刷有限公司绍兴分公司
开　　本	787mm×1092mm　1/16
印　　张	8.25
字　　数	200 千
版 印 次	2009 年 9 月第 1 版　2024 年 8 月第 6 次印刷
书　　号	ISBN　978-7-308-06949-6
定　　价	30.00 元

前　言

　　本实验指导书是电类专业的电子技术模拟部分的实验。电子技术这样一门具有工程特点和实践性很强的课程,加强实践技能的训练,对于培养工程人员的素质和能力具有十分重要的作用。为了适应目前大力加强实践教育的形势,模拟电子技术实验与理论教学课程相分离,独立开设,课时约为 32 学时。这些实验是电类专业的基础性实验,其掌握程度将影响到其他专业课实验的顺利进行。

　　开设实验课的意义在于:学生通过实验,可以加深对理论知识的理解深度,使得所学知识实际化、形象化,增加感性认识。例如:单纯的理论知识的学习,学生对放大电路的静态工作点的建立往往不够重视,通过实验,必定会明确合理建立放大电路的静态工作点的必要性。实际动手做实验的经验不仅有利于对课程内容本身的理解,更有助于实际工作能力的提高。特别是理论联系实际的能力,可以有很大程度的提高。

　　开设实验课的目的不在于使学生会做几个固定内容的实验,而在于给学生一个动手的机会,通过实验使学生掌握一些基本的电子线路测量的知识和技能,连接电路的技能。使学生正确地使用一些最基本的电子测量仪器和元器件;使学生能将理论的分析方法和实际的测量手段结合起来,学会正确地选用测量仪器及方法。学生参考有关的书籍和资料,自己设计一个合理的试验电路是要求较高、有一定难度的项目。有必要让学生在这方面的能力有所培养和提高。总之,要将实验教学成为连接理论与实践的桥梁。

　　本指导书在实验内容的选择中,以实验方法和应用能力训练的需要为立足点,既考虑基本元器件基础应用的需要,又考虑目前集成电路的迅速发展,很大程度上取代分立元件的情况,及场效应器件应用越来越广的趋势,在有限时间内,尽量减少有关分立元件电路的实验内容,加入有关集成电路的应用及场效应管应用电路。与以前指导教材相比较,除了增加若干设计性实验项目之外,还增添了实验中所出现的常见问题解答,以便于同学们自学、对照,自行排除故障。基础性和综合性实验的内容较多,一般应安排三个学时。对于设计性实验,要求学生在实验之前将实验电路、实验方案和实验步骤等设计完整,在实验室里操作的时间相对较少,可以安排两个学时左右。书中所列的实验项目较多,不可能全部采用,可根据不同专业学生的实际需要,在所列的实验项目中选择其中的十个实验项目进行教学。对于标有"＊"号的内容为选做内容,根据实验条件和时间选择。

　　本指导书在编排形式上将内容分作四个部分:基础类实验项目、设计性实验项目、综合性实验项目、常见问题解答。在基础类实验项目中,已经明确了实验内容和实验步骤,目的是引导学生开展实验,为学生实验形式提供一个样板。设计性实验是在给定的实验方向和实验要求上,由学生自己确定实验内容和步骤,完成实验项目。综合性实验项目提供了详细的技术说明。基础实验和设计性实验是针对于单一知识点进行的,综合性实验涉及的知识点较多,是课程知识的综合应用。在基础类实验中,为了防止学生拘泥于具体的步骤而忽视实验目标,显得非常被动以至于象机械化式操作的情况出现,在按照常规实验顺序罗列实验步骤的同时,用灰底文本框特别标明相关步骤所对应的目标或核心点。这样更有利于学生在实验过程中明确核心目标和要点,面向目标而进行操作,激发学生的主动思维,灵活处理实际问题,提高实验效率。

验证性实验是所有实验、实践的基础,有一定必要性但不宜作为重点,重点应放在基本技能的训练和实验思维的训练上。为了正确使用常用的电子仪器,专门安排有一个实验,应切实把握实验质量,它将影响到后续实验的顺利进行与否。在实验过程中的故障现象是很多的,指导教师应抓住实验中的典型故障,由教师或学生向全班现场讲解相应的消除方法,引导学生思考,以提高学生分析问题、解决问题的能力。为了保证实验的效果,务必要求学生做好预习工作,实验中学生必须清楚自己正在执行的工作。书后附有部分仪器使用说明,为学生实验预习提供帮助。

本指导书经过多年使用,多次修订,力尽完善,若有不当之处敬请指正。书中有些项目选用了国标图号,有些项目考虑与实验设备中的图号相一致,采用了通用符号,如运算放大器的符号等,实验中请同学们自行对照。实验原理图中只画了主要线路,有些基本的连线往往未画,如运算放大器的电源连线、某些地线等,但实验中必须连接,请同学们在实际接线时不要疏忽。

符号说明

符号	含义	符号	含义
A	放大器增益	Q	静态工作点
A_f	反馈放大器增益	R,r	电阻
A_v	电压增益	R_b	基极电阻
A_i	电流增益	R_c	集电极电阻
A_{vd}	差模电压增益	R_e	发射极电阻
A_{vc}	共模电压增益	R_L	负载电阻
B,b	电纳	R_g	信号源内阻
BW	频率带宽	r_{be}	三极管 BE 极间电阻
BX	保险丝管	r_i	输入电阻
C	电容	r_o	输出电阻
c	晶体三极管的集电极	S_V	电压调整率
D	晶体二极管	s	稳压系数
DZ	稳压二极管	T	晶体三极管
e	晶体三极管的发射电极	V,v	电压,电位
E_C	电源电压	V_a	a 点电位
F,f	频率,反馈深度	V_{ab}	a、b 点间电压
f_L	下限截止频率	V_{CC}	正电源电压
f_H	上限截止频率	V_{SS}	负电源电压
f_0	中心频率 或特征频率	$V_{(BR)CEO}$	三极管基极开路时,集电极与发射极之间最高耐压
G,g	电导	v_g,v_s	信号源电压瞬时值
I,i	电流	v_i	输入交流信号电压瞬时值
i_i	输入电流	v_o	输出交流信号电压瞬时值
I_L	负载电流	V_Q	静态工作点电压
i_o	输出电流	X,x	电抗
I_s	信号源电流	Y,y	导纳
IC	集成器件	Z,z	阻抗
k_f	反馈系数	L	电感
K_{CMR}	共模抑制比	η	效率
P,p	功率	β	晶体三极管电流放大倍数
P_O	输出功率	$\overline{\beta}$	晶体三极管电流平均放大倍数
P_C	集电极耗散功率	ω	角频率
P_L	输出负载功率	Ω	电阻单位或角频率
P_E	电源功率		

目　录

模拟电子技术实验须知

一、模拟电子技术实验的一般要求

为了培养良好的学风,充分发挥学生的主动精神,促使其独立思考、独立完成实验并有所发现,对模拟电子技术实验的准备阶段、进行阶段、完成阶段和实验报告分别提出下列基本要求。

1. 实验前准备

为避免盲目性,参加实验者应对实验内容进行预习。要明确实验目的要求,掌握有关电路的基本原理,查出有关资料,列出实验方法和步骤,设计实验数据记录表格,对思考题作出解答,初步估算(或分析)实验结果(包括参数和波形),最后做出预习报告。

实验前,教师要检查预习情况,并对学生进行提问,预习不合格者不准进行实验。

2. 实验进行

(1) 参加实验者要自觉遵守实验室规则。

(2) 根据实验内容合理布置实验现场,仪器设备和实验装置安放要适当。

(3) 要认真记录实验条件和所测得的数据、波形,并及时分析判断相关数据、波形的正确性,出现故障应独立思考,耐心分析、排除,并记下排除故障的过程和方法。

(4) 发生事故应立即切断电源,并报告指导教师和实验室有关人员,等候处理。

3. 实验完成

实验完成后,将记录送指导教师审阅签字。经教师同意后才能拆除线路,关闭所有仪器电源,清理台面。

4. 实验报告

作为一个工程技术人员必须具有撰写实验报告这种技术文件的能力。另一方面,撰写实验报告也自己是从思维上对实验过程、成效的一个整理和总结。只有经过这样的整理,才会使得自己掌握其中的实质内容,真正起到实验在知识学习中的重要作用。

(1) 实验报告内容

① 列出实验条件,包括何时何日与何人共同完成什么实验,当时的环境条件,使用仪器名称及型号等。

② 认真整理和处理测试的数据和用坐标纸描绘的波形,并列出表格或用坐标纸画出曲线。

③ 对测试结果进行理论分析,作出简明扼要的结论。找出产生误差的原因,提出减小误差的措施。

④ 记录产生故障的情况,说明排除故障的过程和方法。

⑤ 对本次实验略作小结,有必要时提出改进实验的建议。

（2）实验报告要求

文理通顺，书写简洁；符号标准，图表齐全；讨论深入，结论简明。

二、误差分析概要

测量是为了获得真实的数值。但在测量过程中，由于各种原因，测量的结果与待测量的客观真实值之间总存在一定的差别，即测量误差。分析测量误差产生的原因，如何采取措施减小误差，使测量结果更加准确等，对实验人员及科技工作者是应该了解和掌握的。

（一）量误差的来源

测量误差的来源主要有以下几种：

1. 仪器误差

此误差是由于仪器在设计制造中的电气或机械性能不完善所产生的误差，根据其误差的大小分为若干个等级。

2. 人为误差

指在测量过程中，由于人的感觉器官和运动器官的限制所造成的误差。

3. 使用误差

使用误差又称操作误差。它是指在仪器使用过程中，因安装、调节、布置、使用不当引起的误差。如 500 型万用表应该卧放测量，若将其竖立放置进行测量，会引入额外的误差。又如将数字万用表放置在电磁干扰强的仪器上，其误差会远远超出所规定的误差值。

4. 影响误差

影响误差又称环境误差。它是指由于受到温度、湿度、大气压、电磁场、机械振动、声音、光照、放射性等影响所造成折误差。

5. 方法误差

方法误差又称理论误差。它是指由于使用的测量方法不完善、理论依据不严密、对某些经典测量方法作了不适当的修改简化所造成的，即凡是在测量结果的表达式中没有得到反映的因素，而实际上这些因素又起作用所引起的误差。例如，电压表放大电路中三极管发射结电压时，若直接以电压表示值作测量结果，而不计及电表本身内阻造成的分流影响，就会引起误差。又如，测量并联谐振的振荡频率时，常用的计算公式为

$$f_0 = \frac{1}{2\pi \sqrt{LC}}$$

若考虑 L、C 的实际串联损耗电阻 r_L、r_C 时，实际的谐振频率为

$$f_0' = \frac{1}{2\pi \sqrt{LC}} \sqrt{\frac{1 - r_L^2(C/L)}{1 - r_C^2(C/L)}}$$

必定存在 $\Delta f = f_0' - f_0$

上述用近似公式计算带来的误差称方法误差。

（二）测量误差的分类

按误差性质和特点可分为系统误差、随机误差、疏失误差三类。

1. 系统误差

系统误差的特征：在相同条件（人员、仪器及环境条件）下重复测量同一量时，误差的大小和符号保持不变，或按照一定的规律变化。系统误差一般可以通过实验或分析的方法，查

明其变化规律及产生原因,因此这种误差是可以预测的,也是可以减少或消除的(例如仪器的零点没有调整好,可以采取调整零点措施加以消除)。

2. 随机误差(偶然误差)

随机误差的特征:在相同条件(人员、仪器及环境条件)下重复测量同一量时,误差时大时小,时正时负,其大小和符号无规律变化。随机误差不能用实验的方法消除,但在多次重复测量时,其总体服从统计规律,从随机误差的统计规律中可以了解它的分布特性,并能对其大小及测量结果的可靠性作出估计,或通过多次重复测量,然后取算术平均值来达到目的。

3. 疏失误差

这是一种过失误差。这种误差是由于测量者对仪器不了解、粗心,导致读数不准确而引起的,测量条件的突然变化也会引起粗大误差。含有粗差的测量值称为坏值或异常值。必须根据统计检验方法的某些准则去判断哪个测量值是坏值,然后除去。

(三)误差表示法

按误差表示方法可以分为绝对误差和相对误差。

1. 绝对误差

设被测量的真值为 A_0,测量仪器上的示值为 X,则绝对差值为

$$\Delta X = X - A_0$$

在一定的条件下,被测量的真值虽然是客观存在的,但一般无法测得,只能尽量逼近它。故常用高一级仪表测量的示值 A 代替真值 A_0。

2. 相对误差

绝对误差的大小往往不能确切地反映被测量的准确程度。例如,测量 100V 电压时,绝对误差 $\Delta X_1 = +2\text{V}$,在测量 10V 电压时,绝对误差 $\Delta X_2 = +0.5\text{V}$,虽然 $\Delta X_1 > \Delta X_2$,但实际 ΔX_1 只占被测量的 2%,而 ΔX_2 却占被测量的 5%。显然,后者的测量误差对测量结果的相对影响更大。因此,工程上常采用相对误差来反映测量结果的准确程度。

相对误差又分为实际相对误差、示值相对误差和引用相对误差(满度相对误差)。

实际相对误差,是用绝对误差 ΔX 与被测量的实际值 A 的比值的百分数来表示的相对误差,即

$$\gamma_A = \frac{\Delta X}{A} \times 100\%$$

示值相对误差,是用绝对误差 ΔX 与仪器给出值 X 的百分数来表示的相对误差,即

$$\gamma_X = \frac{\Delta X}{X} \times 100\%$$

引用相对误差,是用绝对误差 ΔX 与仪器的满刻度值 X_m 之比的百分数来表示的相对误差,即

$$\gamma_m = \frac{\Delta X}{X_m} \times 100\%$$

电工仪表的准确度等级就是由 γ_m 决定的。如 1.5 级的电表,表明 $\gamma_m \leqslant \pm 1.5\%$。我国电工仪表按 γ_m 值共分七级:0.1、0.2、0.5、1.0、1.5、2.5、5.0。若某仪表的等级是 S 级,它的满刻度值为 X_m,则测量的绝对误差为

$$\Delta X \leqslant X_m S\%$$

其示值相对误差为

$$\gamma_X = \frac{X_m S\%}{X}$$

在上式中,总是满足 $X \leqslant X_m$ 的,可见当仪表等级 S 选定后,X 越接近 X_m 时,γ_X 的上限值越小,测量越准确。因此,当我们使用这类计分表进行测量时,一般应使被测量的值尽可能在仪表满刻度的 1/2 以上。

例如,测量一个 2.5V 的信号电压,现用 2.5 级表,可选 3V 或 10V 的量程。用量程 10V时,测量产生的绝对误差为

$$\Delta V = V_m S\% = 10 \times (\pm 2.5\%) = \pm 0.25V$$

而改用量程 3V 时,测量产生的绝对误差为

$$\Delta V = V_m S\% = 3 \times (\pm 2.5\%) = \pm 0.075V$$

显然,用小量程测量时,绝对误差要小得多。

数字式仪表的误差并不以准确度等级表示,而是以被测量 X 的百分数加上计数误差"几个字"组成的绝对误差表示。例如:$\pm(0.02V_x) \pm 2$ 个字,对于相应的四位数字表,处于1000V 量程时,误差为 $\pm(0.02 \times 1000V) \pm 2V = \pm 22V$。

（四）测量数据的获取

在电子电路的测量中,常用数字式、指针式、图形显示式三类仪表。

数字式仪表可以从显示的数字中直接读取被测量的值。此类仪表的分辨力就是最后一位数字所对应的示值,常用仪表显示的数字位数表示,如四位数字万用表。

指针式、图形显示式仪表一般都配以刻度,读取测量值时,应按指示出的最小刻度所对应数值再低一位读取,即读取的测量值中最后一位是估读数字（欠准数字）。若指针如图 1 所示位置,在10V 量程时,应该读作 5.56V（或 5.57V）,最后一位的"6"（或"7"）是估读数。

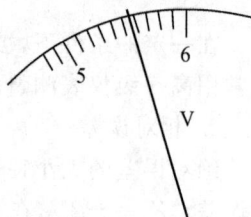

图 1　被测量值的指示

此类仪表的分辨力是最小刻度所对应的示值的一半,即在图 1 中为 0.05V。

（五）测量结果的处理

测量结果通常用数字或曲线表示。

1. 测量结果的数据处理

（1）有效数字

由于存在误差,所以测量数据总是近似值,它通常由可靠数字和欠准数字两部分组成。例如,由电流表测得电流为 12.6mA,这是个近似数,其中 12 是可靠数字,而末位 6 为欠准数字,即为 12.6 三位有效数字。

对有效数字的正确表示,应注意以下几点:

① 有效数字是指从左边第一个非零的数字开始,直到右边最后一个数字为止的所有数字。例如,测得的频率为 0.0325MHz,它是由 3、2、5 三个有效数字组成的频率值,而左边的两个零不是有效数字,因而它可以通过单位变换写成 32.5kHz,这时有效数字仍为三位,最末位的 5 是欠准数字不变。但不能将 0.0325MHz 写成 32500Hz,因为后者的有效数字变为 5 位,最右边的"0"为欠准数字,两者的意义完全不同。若一定要用 Hz 作为单位,可以将

0.0325MHz 写成 3.25×10^4 Hz。

② 如已知误差,则有效数字的位数应于误差相一致。例如,仪表的误差为 ±0.01V,测得的电压为 9.3735V,其结果应写作 9.37V。超出仪表的误差值无意义。

③ 当给出误差有单位时,测量数据的单位写法应与其一致。

(2) 数据舍入规则

为使正、负舍入误差出现的机会在致相等,现已广泛采用"小于5舍,大于5入,等于5时取偶数"的舍入规则。即

① 若保留 n 位有效数,当后面的数值小于第 n 位的 0.5 单位就舍去。如测量得到的示值是 9.374V,若保留三位有效数,则最后应写作 9.37V。

② 若保留 n 位有效数,当后面的数值大于第 n 位的 0.5 单位就在第 n 位数字上增加 1。如测量得到的示值是 9.376V,若保留三位有效数,则最后应写作 9.38V。

③ 若保留 n 位有效数,当后面的数值恰为第 n 位的 0.5 单位,则当第 n 位数字为偶数 (0,2,4,6,8) 时应舍去后面的数字(即末位数值不变),当第 n 位数字为奇数 (1,3,5,7,9) 时,第 n 位数字应加 1(即将末位凑成偶数)。这样,由于舍与入概率相同,当舍入次数足够多时,舍入的误差就会抵消。同时这种舍入规则,使有效数字的尾数为偶数的机会增多,能被除尽的机会比奇数多,有利于准确计算。如测量得到的示值是 9.375V,保留三位有效数,则最后应写作 9.38V。若测量得到的示值是 9.385V,保留三位有效数,则最后仍写作 9.38V。

(3) 有效数字的运算规则

当测量结果需要进行中间运算时,有效数字的取与舍,原则上取决于参与运算的各数中精度最差的那一项。一般应遵循以下规则:

① 当几个近似值进行加、减运算时,在各数中,以小数点后位数最少的那一个数(如无小数点,则为有效位数最少者)为准,其余各数均舍入至比该数多一位,而计算结果所保留的小数点后的位数,应与各数中小数点后位数最少的位数相同。

如测量得到的一组电压值分别为:13.5V、0.652V、6.78V,计算它们的电压和时,应写为

$$V = 13.5 + 0.65 + 6.78 = 20.9(V)$$

② 进行乘除运算时,在各数中,以有效数字位数最少的那一个数为准,其余各数及积(或商)均舍入到比该数多一位,而与小数点的位置无关。

如测量得到的某一电阻上的电压值为 13.54V,其电阻值为 0.62kΩ,计算电阻上的电流时,应写为

$$I = \frac{13.5}{0.62} = 21.0(mA)$$

③ 将数平方或开方后,结果比原数多保留一位。

④ 若计算中出现如 e、π、$\sqrt{3}$ 等常数时,可根据具体情况来决定它们应取的位数。

2. 测量结果的曲线处理

在分析两个(或多个)物理量之间的关系时,尤其当具有非线性关系,用曲线比用数字、公式表示常常更形象、直观。因此,测量结果常要用曲线来表示。

在实际测量过程中,由于各种误差的影响,测量数据将出现离散现象,若将测量点直接连接起来,将不是一条光滑曲线,而是呈波动的折线状,如图 2 的虚线所示。但我们运用有

关的误差理论,可以把各种随机因素引起的曲线波动抹平,使其成为一条光滑均匀的曲线。这个过程称曲线的修匀。

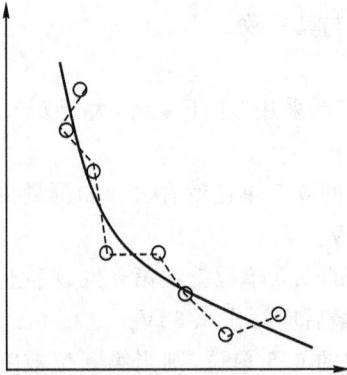

图 2   直接连接测量点时曲线的波动情况   图 3   分组平均修匀的曲线

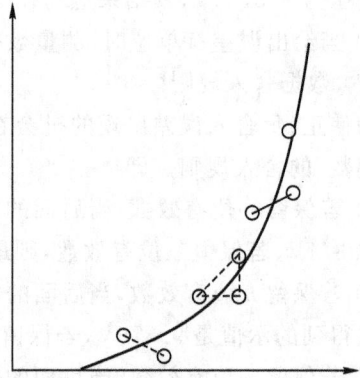

    在要求不高的测量中,常采用一种简便、可行的工程方法——分组平均法来修匀曲线。这种方法是将数据分成若干组,每组含 2~4 个数据点,然后分别估取各组的几何重心,再将这些重心连接起来,如图 3 所示。经过修匀后的曲线,由于进行了数据平均,在一定程度上减少了偶然误差的影响,使之较为符合实际情况。

第一部分　基础类实验

实验一、电路电流电压参数的测量

一、实验目的

1. 掌握用成用表测量基本电路的电流、电压参数,为以后的实验做好准备。
2. 进一步理解电路的基尔霍夫定律、迭加定理、戴维南定理等。
3. 明确电路参数在实际测量中必然会有一定的误差,学会对产生的误差进行分析、计算。

二、实验原理

1. 基尔霍夫电流定律 KCL 和电压定律 KVL

基尔霍夫定律是电路分析理论中最重要的基本定律,它反映了电路中电流或电压分别应遵循的基本规律。电路中的电流或电压受电路结构的约束,与具体元件无关,因此,它适用于线性电路、非线性电路、时变电路或非时变电路的分析计算。

基尔霍夫电流定律(KCL):在电路中,在任何时刻,流进或流出任何一个节点的电流代数和为零,即:

$$\sum i(t) = 0 \quad 或 \quad \sum I = 0(直流电路)$$

基尔霍夫电压定律(KVL):在电路中,在任何时刻,任何一个回路的电压降的代数和为零,即:

$$\sum u(t) = 0 \quad 或 \quad \sum V = 0(直流电路)$$

参考方向:电流和电压的参考方向可独立地任意确定,一旦确定,即可将实际电流、电压的方向用正负号表示。

2. 迭加定理

在线性电路中,任何一个支路的电流或电压都是电路中每一个电源在单独作用时在该支路所产生的电流或电压的代数和。某独立电源单独作用是指,在电路中将该独立源之外的其他独立电源"去掉",即独立电压源移走,而代以短路线;独立电流源开路;受控源保持不变。

对于非线性电路,如含二极管电路,迭加定理不适用。

3. 戴维南定理

任何一个线性含源网络,对外电路来说可以用一条有源支路来代替,该有源支路电压源的电压等于有源二端网络的开路电压,其内阻等于该有源二端网络化为无源二端网络后两端的等效电阻。

戴维南定理一般用于将复杂电路等效为一个简单的由独立电源及电阻串联而成的电路。

三、实验内容及步骤

1. 连接电路,用万用表测量电阻值

按图 1-1 所示电路在实验箱中进行连接。实验板上所画的白色线段表示已在板背面接通了相应电路。

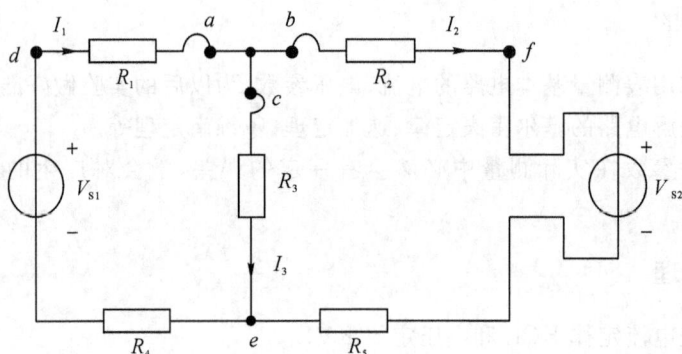

图 1-1　实验一电路结构

电路中元件参考值为:$R_1 = 500\,\Omega$,$R_2 = 1\,\text{k}\Omega$,$R_3 = R_4 = 300\,\Omega$,$R_5 = 200\,\Omega$,$V_{S1} = 6\,\text{V}$,$V_{S2} = 10\,\text{V}$。

先不接入电压源,用万用表的电阻档分别测量线性电阻 R_1、R_2、R_3、R_4、R_5,将测得的电阻值填入表 1-1 中。

测量电阻
?
零值校正

表 1-1　电阻阻值记录表

电阻	R_1	R_2	R_3	R_4	R_5
测量值(Ω)					
标称值(Ω)					

注意:用欧姆档测量一个实际电路的电阻值时,应将这个电阻从被测电路中"孤立"出来,否则测出的电阻值会比实际电阻值小。切忌在通电时,用欧姆档去测量电阻!

2. 以验证基尔霍夫电流定律的形式进行测量

分别断开电路中的 a 点、b 点和 c 点(拨去的短路片),将电流表分别插入相应电路中,分别测出电流 I_1、I_2 和 I_3 的数值(或用间接测量方法得到相应电流)将测出的电流数值填入表 1-2 中,并计算其误差。的参考方向见图 1-1,记录时注意各电流的正负号。

测量电流
?
串接测量

表 1-2 电流值记录表

电流值	计 算 值	测 量 值	相对误差%
I_1(mA)			
I_2(mA)			
I_3(mA)			

3. 以验证基尔霍夫电压定律的形式进行测量

测量电压值 V_{cf}，V_{fe} 和 V_{cd} 及 V_{de}、V_{ce}，将计算值填入表 1-3 中，从而验证 KVL 算式，即

> 沿着回路测量电压

$$V_{cf} + V_{fe} = V_{cd} + V_{de} = V_{ce}$$

表 1-3 电压值记录表

电 压	V_{cf}(V)	V_{fe}(V)	V_{cd}(V)	V_{de}(V)	V_{ce}(V)
计算值					
测量值					
误差%					

4. 以验证迭加定理的形式进行测量

让 V_{S1} 单独作用（将 V_{S2} 拿掉，用导线替代），用间接测量法，测出 I_1'；再让 V_{S2} 单独作用，测出 I_1''，将值填入表 1-4 中，验证迭加定理的成立。

表 1-4 电流值记录表

I_1'(mA)	I_1''(mA)	$I_1' + I_1''$(mA)	I_1 原测量值

*5. 测量所得给出戴维南等效电路

将 V_{S2} 及 R_5 当成外电路，从电路中拿走，形成 f，e 之间开路电路。

（1）测量 f，e 之间开路电压 $V_{OC} = V_{fe}$，V_{ec} 即为戴维南等效电路中的独立电压源电压。

（2）测量戴维南等效电路内阻 R_S

简单的方法是：将电路中的独立电源 V_{S1} 的作用"去掉"，然后用万用表从 f，e 两点测出剩余电路的等效电阻 R_S，R_S 值即为戴维南电路的等效内阻。

以上方法只能测量不含受控源的电路。另一种更为实用的测量方法是：不去掉电源，而在开路端接一个已知阻值的电阻 R_L（可取 200Ω～1kΩ），并测出有载电压 V_L，则戴维南等效电路的内阻 R_S 为

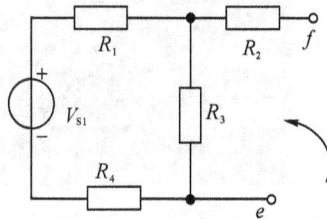

图 1-2 戴南等效电路端口

$$R_S = \left(\frac{V_{OC}}{V_L} - 1\right) R_L$$

其中 V_{OC} 为 ef 端输出开路电压。这种方法不仅能测量独立源电路，还可以测量含受控源的电路。

本次实验要求采用以上两种方法。将测量后的结果填入表 1-5 中。

表 1-5　等效电源测量记录表

简单测量		通用测量			
V_{OC}	$R_S(\Omega)$	$V_{OC}(V)$	$V_L(V)$	$R_L(\Omega)$	$R_S(\Omega)$计算值

四、实验器材

1. 电路分析实验箱　　　一只
2. 500 型万用表　　　　一只　（或电流表、电压表各一只）

五、预习要求

1. 写清实验目的、实验原理、实验器材及实验步骤，列出实验数据记录表格。
2. 推导公式

$$R_S = (\frac{V_{OC}}{V_L} - 1)R_L$$

六、实验报告要求

1. 整理各项测量的数据，并给出必要的解释或结论。
2. 分析误差产生的原因。

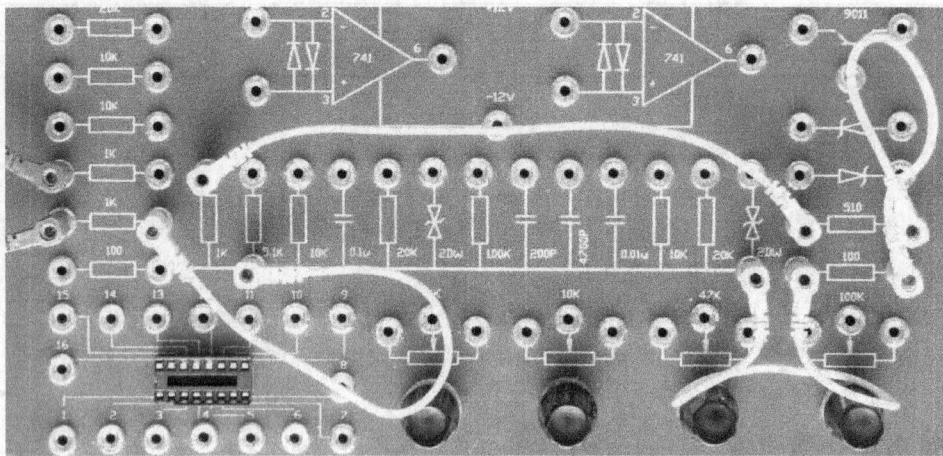

图 1-3　在 YL1-B 实验板上接线参考图

实验二　常用电子仪器的使用

本实验是以后实验的基础，它涉及后面各个实验中最常用的基本仪器——万用表、通用双踪示波器、信号源、毫伏表。只有真正熟悉了这两种基本仪器在做实验时才能得心应手，省时省力。因此，应化较多的时间，真正学会正确使用万用表及通用双踪示波器等。

一、实验目的

1. 掌握使用通用双踪示波器观察各种电信号波形的方法；掌握使用示波器来测量典型的周期性波形的峰－峰值和有效值的方法。

2. 掌握信号发生器、毫伏表的使用方法。

二、实验原理及参考电路

1. 示波器工作原理：示波器是利用电子束扫描，将信号的幅度随时间的变化关系显示在平面坐标中，通常用横轴代表时间，称为时基轴或 X 轴，Y 轴代表电压幅度，由此可测出信号的一系列参数，如幅度、周期、相位等，是一个多功能综合性的测量仪器。详细工作原理请参考附录。

2. 晶体管毫伏表是用来测量正弦交流信号电压有效值的专用仪表，测量功能比较单一。这一测量仪器可以用来幅度较小的电压和频率较高的电压，这是万用表所不能完成的。如 DF2173B 交流电压表测量的电压范围为 $0.1\mathrm{mV}\sim300\mathrm{V}$，被测信号频率范围为 $10\mathrm{Hz}\sim1\mathrm{MHz}$，更高频率的信号一般要使用超高频毫伏表。

由于示波器、毫伏表等这类测量仪器可以用于高频小幅度信号测量，为了抗干扰的需要，信号输入端口都采用同轴电缆连接。同轴电缆是不对称结构，由芯线和屏蔽层构成回路，如图 2-1 所示，屏蔽层能够屏蔽干扰信号进入芯线上，屏蔽层必须连接在电子线路的"地线"上，不能与芯线交换使用。

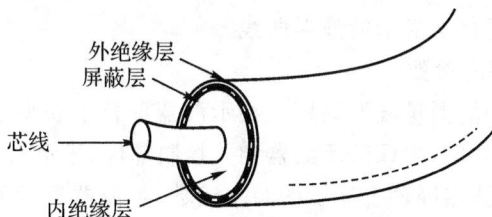

图 2-1　同轴电缆结构图

3. 在电路进行测试时，须要有信号源为电路提供合适的信号。目前实验室的信号源都是采用函数信号发生器或者 DDS 信号发生器。函数信号发生器是依照方波—三角波—正弦波的途径逐步转换形成的所需信号输出，所以，都有这三种类型的信号由用户选择其中一种作为输出，其输出信号的频率、幅度值均可以连续调整。仪器的使用方法参见仪器使用说明。

三、实验内容及步骤

示波器、信号源、毫伏表三者联用观察信号波形。

各仪器连接关系参考图 2-2。先接通各仪器电源,将信号源的输出信号频率调至 1kHz 左右,输出幅度调到 1V 左右,信号类型置于正弦信号功能;示波器的垂直偏转因数控制在 0.5V/格,调节垂直移位旋钮,将扫描线移动至屏幕中间;毫伏表的量程置于 1V 位置。

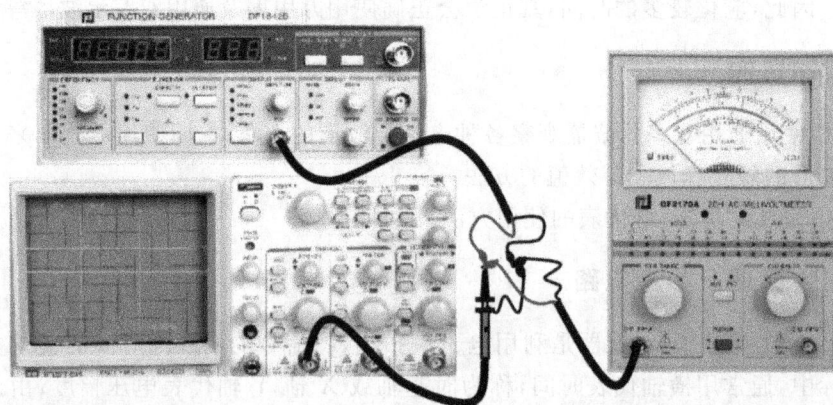

图 2-2　仪器间接线示意图

1. 观察信号波形

将示波器探头与信号源输出电缆相连接,其中芯线与芯线相联,接地端与接地端相联,示波器屏幕上就会指示出与信号源输出信号相对应的波形曲线。

调节:若显示的波形上下幅度过小(或过大),可以调节示波器垂直灵敏度;若显示的波形横向过密(或过疏),可以调节示波器水平偏转因数。一般横向显示 3 个周期左右为妥,上下幅度不要超出显示屏。

若波形处于不稳定状态,调节示波器的同步控制部件,主要是同步踪迹选择、同步电平调节。直到荧光屏上出现完整、清晰、稳定的波形为止。再将信号源的输出信号类型改成方波、三角波,观察示波器屏幕上显示的波形曲线。

2. 测量信号频率、幅度参数

用示波器水平测量功能测量波形周期。在示波器屏幕上获得稳定波形之后,分别改变信号源输出信号的幅度、频率,再调节示波器相关控制部件,显示出方便读数的波形,将信号源上显示的频率读数、示波器屏幕上显示的频率读数、示波器显示的波形曲线周期读数(一周波形所占屏幕的格数与水平偏转因数之积)这三个数据统一记录在表 2-1 中。它们之间应该是等同的。

注意:若波形处于不稳定状态,示波器屏幕上显示的频率读数一般是不正确的。

用示波器垂直测量功能测量波形幅度:波形峰—峰点间所占屏幕的格数与垂直偏转因数之积就是波形的峰峰值,一般表示为 V_{PP}。同时,在毫伏表上测量信号电压值,并将数据记录在表 2-1 中,并与示波器的测量结果进行比较。

表 2-1　示波器及毫伏表测量结果记录表

测量次数			1	2	3	4
示波器测量	频率测量	信号源频率读数				
		示波器频率读数				
		占显示屏格数				
		水平偏转因数				
		周期值（ms）				
	峰—峰值	占显示屏格数				
		垂直偏转因数				
		电压值（V）				
	电压有效值（V）					
毫伏表测量结果（V）						

四、实验器材

1. 500 型万用表　　　　　　　一只
2. GOS-6021 型二踪示波器　　一台
3. DF1642B 型信号发生器　　　一台
4. DF2173B 型晶体管毫伏表　　一台
5. YL1-B 实验板　　　　　　　一只

五、预习要求

1. 详细阅读万用表、示波器、毫伏表及信号发生器的使用说明,理解示波器的基本工作原理。

2. 写清实验目的、实验原理、实验器材及实验步骤,列出实验数据记录表格。

3. 思考题:能否用 500 型万用表测量信号源输出电压? 对信号有什么要求?

六、实验报告要求

1. 填写表 1-1、表 1-2 和表 1-3 测量的结果。

2. 比较总结万用表交流电压档能正确测量的波形及电压性质。

3. 计算测量值与理论计算值的误差,分析误差原因。

4. 分析示波屏上出现下述情况时的原因及纠正措施。

　　（a）　　　　　　（b）　　　　　　（c）　　　　　　（d）

实验三　运算放大器的应用

一、实验目的

1. 了解集成运算放大器的基本运算关系和应用。

2. 掌握负反馈运算放大电路的组成，了解深度负反馈时的放大器电压放大倍数的计算。

二、实验原理及参考电路

1. 运算放大器的基本原理

集成运算放大器具有很高的电压放大能力，其开环电压放大倍数通常在 10^4 倍以上。为了提高运算放大器的稳定性，常用的连接电路是电压并联负反馈，它的接法如图 3-1 所示。对于 HA741 运算放大器，"2"是反相输入端，"3"是同相输入端，"6"是输出端，输入、输出电压都是指对公共线（地线）间的电压。R_2 为并联负反馈电阻，R_1 为输入端外接电阻。

适当选取 R_2 构成深度负反馈后，反相端输入时的输入、输出的关系为

$$V_O = -\frac{R_2}{R_1} V_i \tag{3-1}$$

从上式可以看出：

（1）输入电压与输出电压反相。

（2）在深度负反馈时，电压放大倍数仅决定于 R_2 和 R_1 比值。改变 R_2 和 R_1 比例关系，放大器就可对输入电压进行各种数字运算。

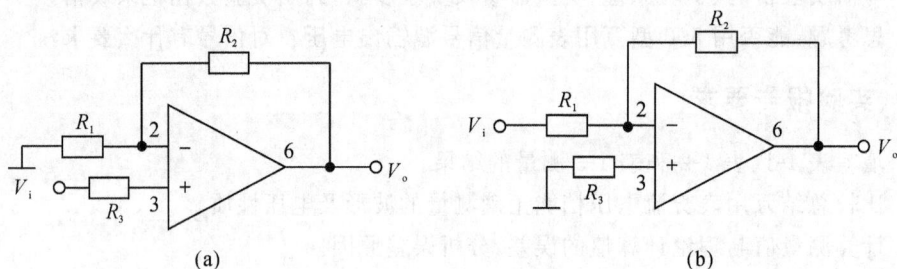

(a)　　　　　　　　　　　　(b)

图 3-1　比例运算放大电路

2. 运算放大器的典型应用

（1）比例运算和倒相

电路如图 3-1 所示。由式（3-1）得

$$\frac{V_O}{V_i} = -\frac{R_2}{R_1}$$

输入与输出电压成比例关系。当 $R_2 = R_1$ 时，$V_O = -V_I$，构成倒相电路。

（2）加法运算

图 3-2 所示电路是三个不同电压信号，按一定比例相加的电路。其输出与输入的关系为

$$V_O = -\left(\frac{R_4}{R_1}V_{i1} + \frac{R_4}{R_2}V_{i2} + \frac{R_4}{R_3}V_{i3}\right)$$

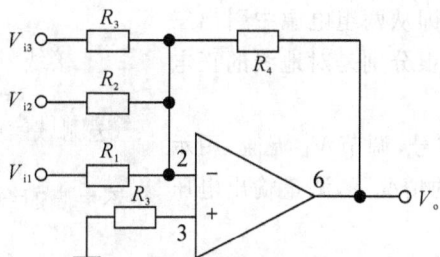

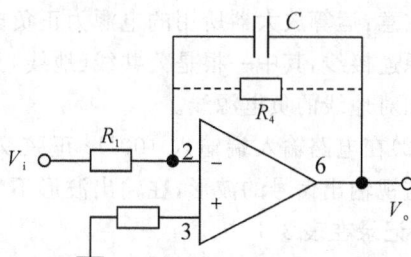

图 3-2　加法电路　　　　　　　图 3-3　一阶基本积分电路

（3）积分运算

积分电路如图 3-3 所示。反馈回电路接一个电容，输入端串联一个电阻，就组成一个积分器。其输出与输入间的关系为

$$V_O = -\frac{1}{R_1 C}\int V_i \mathrm{d}t$$

R_4 ？
芯片工作不稳定时使用

当 V_i 为定值时，V_O 是 t 的线性函数。若对换 R_1 与 C 的位置，则电路组成微分器，具体电路请查找相关资料。另外，当考虑 V_i 为一系列不同频率的正弦交流信号时，微积分电路就成了高通或低通滤波电路。

（4）组成迟滞电路

在负反馈放大电路基础上，再加入适当的正反馈支路，就构迟滞电路。如图 3-4 所示。其中，同相端的参考电压根据运放的输出电压不同，存在两个不同值，即为上、下门限电平 V_H、V_L。

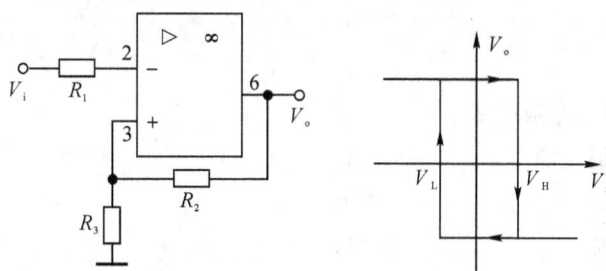

图 3-4　迟滞电路及迟滞特性曲线

三、实验内容及步骤

1. 比例运算放大电路

(1)在实验箱中,按图 3-1(a)电路连接实验线路。元件参数取:$R_2 = 20\text{k}\Omega$,$R_1 = R_3 = 1\text{k}\Omega$,电源电压为 $\pm 12\text{V}$。

注意:运算放大器所用的电源为正负电源,即从两组电源中引出三根电源连接线,其中一根是公共线(地线),另两根分别是对地线的正电源线和对地线的负电源线。

(2)在电路输入端输入 100Hz 正弦交流信号,调节 V_i 幅值,用示波器监视输出信号的波形,在输出波形不失真的情况下,测量输出电压 V_O,并记录在表 3-1 中。

(3)与计算值比较,分析误差产生原因。

> 接线
>
> 送测试信号
>
> 不失真时测量

表 3-1　比例运算放大电路数据记录表

V_i(mV)	10	20	40	80	100	理论计算值
V_O(mV)						
V_O/V_i						

2. 积分运算电路

(1)按图 3-3 连接线路。元件参数:$C = 0.1\mu\text{F}$,$R_1 = R_2 = 10\text{k}\Omega$。若运放输出端的静态电压偏离中点电位过大,可在反馈电容边上并联 $1\text{M}\Omega$ 电阻或 $100\text{k}\Omega$ 电阻。

(2)输入 $f = 100\text{Hz}$,$V_{P-P} = 0.5\text{V}$ 的矩形波信号,然后用双踪示波器观察其输入、输出的波形。并绘制波形图。

(3)在相同的输入下,更换电容 C 的容量,观察其输出波形,分析变化原因。

> 矩形波输入
>
> 三角波输出

注:此项实验中,示波器最好采用直流输入功能观察,便于把握运放芯片的工作状态。

四、实验器材

1. GOS-6021 型二踪示波器　　　　一台
2. DF1642B 型信号源　　　　　　　一台
3. 500 型万用表　　　　　　　　　一只
4. 直流稳压电源　　　　　　　　　一台
5. YL-1B 型实验板　　　　　　　　一只(含 LM741 运算放大器)

五、预习要求

1. 熟悉运放集成块 LM741 的引脚功能。
2. 复习积分电路的输入、输出关系。
3. 列出实验数据记录表格,绘制合适的坐标。

六、实验报告要求

1. 整理数据,计算反相比例运算放大倍数,分析产生误差的原因。

2. 绘制积分运算电路的输入输出波形图(对齐横坐标刻度)。若输入、输出的坐标刻度相一致,可绘于同一坐标系中,若输入、输出的坐标刻度差别较大,应分别绘于两个坐标中,但横坐标刻度应该对齐。

七、思考题

1. 分别用示波器的直流输入和交流输入功能? 观察方形信号时,波形曲线有何不同? 是何原因造成的?

2. 如何判定运放芯片工作在线性区间?

实验四　晶体管特性鉴别和测试

一、实验目的

1. 掌握用万用表粗略鉴别晶体管性能的方法。
2. 进一步熟悉晶体管参数和特性曲线的物理意义。
3. 熟悉用晶体管图示仪测量晶体管特性曲线的方法。

二、实验原理及参考电路

晶体管性能的优劣,可以从它的特性曲线或一些参数上加以判别。通常,可以用简易的仪器设备鉴别晶体管的性能,如用万用表粗测晶体管的性能和用逐点法测绘管子的特性曲线。在条件许可时,一般用晶体管特性图示仪测量,这样能更全面地获得晶体管的一些特性。

（一）简单测量法

1. 利用指针式万用表测试晶体二极管

（1）鉴别二极管阴极、阳极

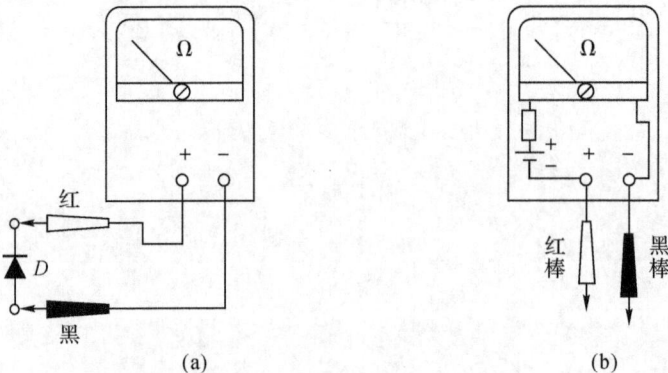

图 4-1　用万用表测量晶体二极管

指针式万用表欧姆档的内部电路可以用图 4-1(b)所示电路等效,由图可见,黑棒为正极性,红棒为负极性。将万用表选在 R×100 档,两棒接到二极管两端,如图 4-1(a),若表针指在几 kΩ 以下的阻值,则接黑棒一端为二极管的阳极(正极),二极管正向导通;反之,如果表针指很大(几百千欧)的阻值,则接红棒的那一端为阳极(正极)。

（2）鉴别性能

将万用表的黑棒接二极管阳极,红棒接二极管阴极,测得二极管的正向电阻。一般在几 kΩ 以下为好(各档位都在表指针满偏角度的 2/3 以上),要求正向电阻愈小愈好。将红棒接二极管的阳极,黑棒接二极管阴极,可测出反向电阻。一般应大于 500kΩ 以上。

若测得的反向电阻太小,二极管失去单向导电作用,存在漏电。如果正、反向电阻都为无穷大,表明管子已断路;反之,若二者都为较小值表明晶体管内部短路。

2. 利用万用表测试小功率晶体三极管

晶体三极管的结构犹如"背靠背"的两个二极管,如图
4-2 所示。测量小功率时用 R×100 或 R×1k 功能档。

(1) 判断基极 B 和管子的类型

用万用表的红棒接晶体管的某一极,黑棒依次接其他
两个极,若两次测得电阻都很小(在几 kΩ 以下),则红棒接
的为 PNP 型三极管的基极 B,若测得电阻都很大(在几百
kΩ 以上),则红捧所接的是 NPN 型三极管的基极 B。若两
次测得的阻值为一大一小,说明红棒接所接的不是三极管
的基极 B,应换一个极再试测。

(2) 确定发射极 E 和集电极 C

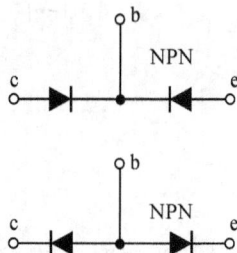

图 4-2 晶体管 PN 结构示意图

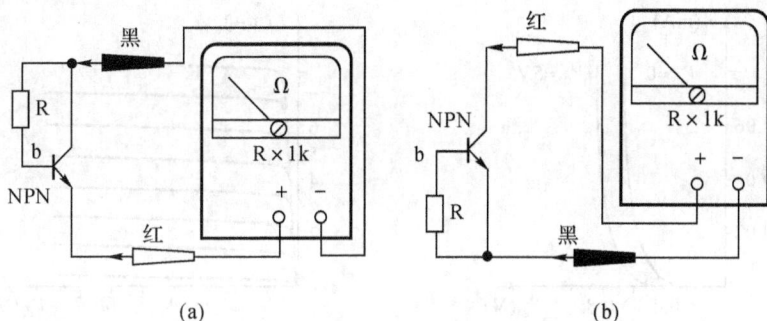

(a)   (b)

图 4-3 c 极和 e 极的判断

以 NPN 型管为例,基极确定以后,用万用表两根棒分别接另两个未知电极,假设黑棒
所接电极为 C,红棒所接电极为 E,用一个 $100\text{k}\Omega$ 的电阻一端接 B,一端接假设的 C 极(相当
于注入一个 I_b),观察接上电阻时表针摆动的幅度大小。再把两棒对调,重测一次。根据晶
体管放大原理可知,表针摆动大的一次,黑棒所接的为管子的集电极 C,另一个极为发射极
E。也可用手捏住基极 B 与黑棒(不要使 B 极与棒相碰),以人体电阻代替 $100\text{k}\Omega$ 电阻,同
样可以判别小功率三极管的电极。

对于 PNP 型管,判别的方法相类似。

测试过程中,若发现晶体管任何两极之间的正、反电阻都很小(接近于零),或是都很大
(表针不动),这表明管子已击穿或烧坏。

*3. 利用万用表测试结型场效应管(JFET)

N 沟道和 P 沟道结型场效应管的符号及等效电路如图 4-4(a)和 4-4(b)所示。其栅极
G 与另两极之间具有对称性及二极管特性,由此可首先判断出栅极 G;源极 S 和漏极 D 之
间呈现出电阻性质,并且可以互换使用。

如用万用表的红棒接场效应管的某一极(参考极),黑棒依次接其他两个极,若两次测得
电阻都很小(在几 kΩ 以下),再将黑棒接场效应管的该极,红棒依次接其他两个极,两次测
得电阻都应很大(指示值为∞),则该场效应管为 P 沟道场效应管,选取定的该极为栅极 G,

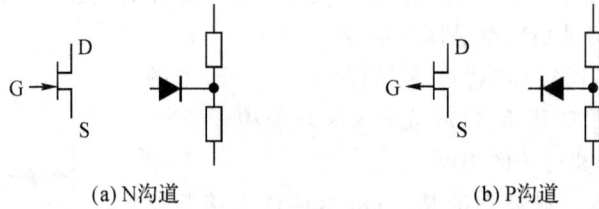

(a) N沟道　　　　　　　　　(b) P沟道

图 4-4　结型场效应管

其他两个极为源极 S 和漏极 D。反之,所测场效应管为 N 沟道场效应管。若量得电阻没有对称性,说明参考极不是栅极 G,应换一个极再试量。

若用数字万用表鉴别,置于专用测试功能档测量,其测试方法见数字万用表的使用说明。

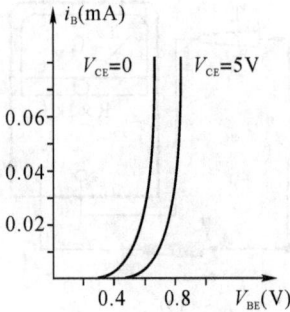

图 4-5　输入特性曲线

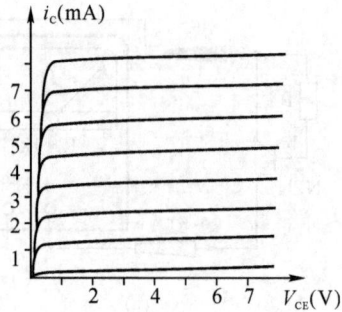

图 4-6　输出特性曲线

4. 用逐点法测晶体管的输入和输出特性曲线

所谓逐点法测量,就是逐个测量变量与被变量的对应组合,即坐标上点的参数,再将这些点绘成曲线。图 4-5、图 4-6 分别是三极管共射电路的输入、输出特性曲线。测试电路可参考图 4-7,其中 R_{P1} 与 E_C 组成可变电源结构。

(1) 输入特性曲线测量

维持 V_{CE} 为某一定值,逐步改变 V_{BE} (图 4-7 中调节 R_{P2}),测出若干 V_{BE} 和 I_B,根据测量数据描绘一条输入特性曲线。依次取不同的 V_{CE} 值,可获得一组三极管输入特性曲线。实际上,当 $V_{CE} \geqslant$ 1V 后,特性曲线几乎都重叠在一起,因此,晶体管手册中仅给出对应 $V_{CE} = 0$ 和 $V_{CE} > 1V$ 的两条输入特性曲线,如图 4-5 所示。

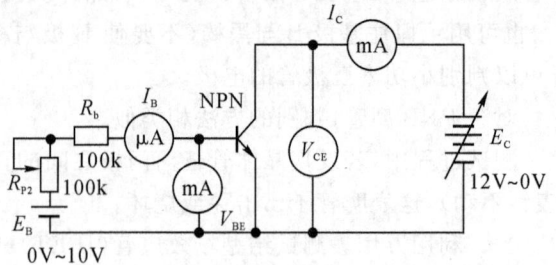

图 4-7　逐点法测绘特性曲线

(2) 输出特性曲线测量

维持 I_B 为某一定值后,逐点改变 V_{CE},测出若干对应的 I_C,根据测量数据描绘一条输出特性曲线。依此类推,I_B 取不同几个值,如 $I_B = 0$、$10\mu A$、$20\mu A$、$40\mu A$……,重新测量 V_{CE} 与

I_C 关系,即可获得图 4-6 所示输出特性曲线族。

（3）电流放大系数的测量

共射直流电流放大倍数为

$$\bar{\beta} = \frac{I_C - I_{CEO}}{I_B}\Big|_{\Delta V_{CE}=0} \approx \frac{I_C}{I_B}\Big|_{\Delta V_{CE}=0}$$

共射交流电流放大倍数为

$$\beta = \frac{\Delta I_C}{\Delta I_B}\Big|_{\Delta V_{CE}=0}$$

维持 V_{CE} 为某一固定值情况下,调节 R_{P2} 及 E_B,测出某个 I_B 值和相应的 I_C 值,即可求得该工作点上的直流电流放大倍数;仍维持 V_{CE} 不变,调节 R_{P2},使基极电流从 I_{B1} 变化到 I_{B2},同时测出对应的 I_{C1} 和 I_{C2},于是该工作点附近的交流电流放大倍数可求出。

（二）用晶体管图示仪测量晶体管特性曲线

晶体管图示仪是测量晶体管特性较为专业的测试仪器,它可以将晶体管特性以曲线形式直接显示在示波管上,使得测试工作显得十分方便,是真正实用有效的测试手段。学会利用这一仪器测量晶体管的各种低频特性,有利于充分把握元器件性能,分析电路的工作情况。

1. 晶体管特性曲线图示法原理

从示波管上显示晶体管特性曲线可以采用图 4-8 所示电路。由图示仪内部给被测晶体管一个合适的工作状态(可由外部控制钮调节),然后将有关部分的电压、电流变化情况转到示波系统中显示出来。由于示波系统直接显示电压的变化,所以电压参数可直接输送,而对电流参数的显示,是将电阻串入被测电流支路中,在电阻上得到与电流成正比的电压,再显示出来。

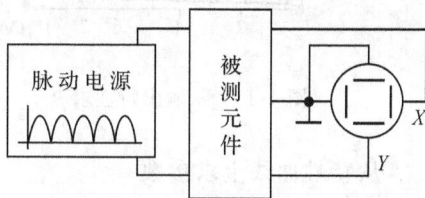

图 4-8　特性图示仪示意图

如图 4-9 是晶体管图示仪测量二极管伏安特性的示意图。将一个经全波整流后的变化电压,作为电源电压加在二极管 D 和电阻 R 的串联电路上,再将二极管两端的压送至示波管的 X 轴偏转板上,将电阻 R 上的电压 V_R 加至示波管的 Y 轴偏转板上。因电阻 R 二端电压的大小反映了二极管中电流的大小,故称 R 为二极管电流的取样电阻。这样,二极管中电流变化情况,可以从示波管荧光屏上的光点轨迹来反映。当电压从 0V 开始增长,荧光屏光点向右偏移。同时,加于 Y 轴偏转板的电压 V_R 是反映二极管电流大小的电压,在电压达到起始电压以前,二极管电流很小,V_R 也很小,光点沿 Y 轴方向偏移很小。随着变化电压增长,光点继续向右偏移,当超过起始电压后,V_R 增长加快,光点向右偏移同时又向上偏移,合成二极管的正向特性曲线。由于电源电压反复升降,荧光屏上显示出稳定的曲线图形。

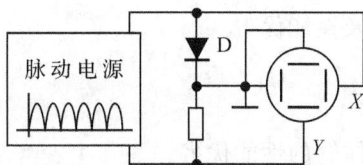

图 4-9　测二极管伏安特性图

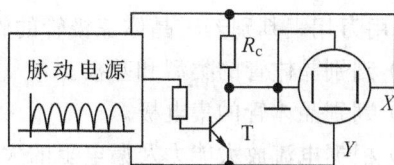

图 4-10　测三极管伏安特性

晶体管输出特性曲线是一组曲线族,其图示法原理如图 4-10 所示,将变化的电源电压加在晶体管电路上,R_C 是图示仪内置的集电极电阻(称功耗限制电阻),基极驱动电流也由图示仪内部提供,分别把 V_{EC} 和 R_C 上的电压送入显示系统的 X 轴偏转和 Y 轴偏转,则 X 轴反映了 V_{EC} 值,Y 轴反映了 I_C 值,R_C 就是 I_C 的取样电阻,即可显示出晶体三极管的输出伏安特性曲线。

为了显示整个特性曲线族,基极电流以阶梯形式变化,每一阶梯的维持时间正好等于加于集电极上脉动电压的周期。脉动电压每经历一个周期,基极电流就增长一级阶梯的幅度。而所取阶梯幅度(毫安/级或伏/级)应根据不同的晶体管作相应的选择。

QT-2 型晶体管特性图示仪就是按照上述原理设计的。

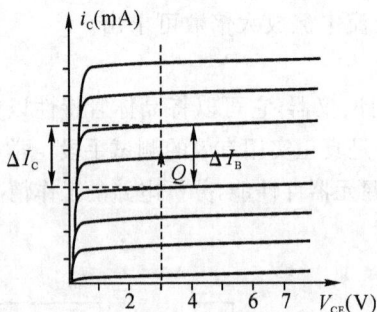

图 4-11　从输出特性求 β　　　　图 4-12　从输入特性求 r_{be}

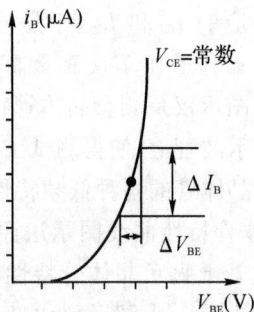

2. 从特性曲线上求参数

(1) 晶体管的交流输入电阻 r_{be} 值。从输入特性曲线上可估算晶体管的 r_{be} 值,如图4-11所示,在相应的 Q 点上,按图所示作三角形,求该点曲线斜率,即

$$r_{be} = \frac{\Delta V_{BE}}{\Delta I_B}\Big|_{V_{CE}=n}$$

(2) 晶体管的交流电流放大系数 β。如图 4-12 中的 Q 点,先通过 Q 点作横轴的垂直线,确定 Q 点的 V_{CE} 值,再从图中求出一定 V_{CE} 值条件下的 ΔI_B 和相应的 ΔI_C,则 Q 点附近的交流电流放大系数为

$$\beta = \frac{\Delta I_C}{\Delta I_B}\Big|_{V_{CE}=n}$$

QT-2 晶体管特性图示仪的操作使用方法见附录三。

三、实验内容及步骤

1. 用万用表判别二极管的极性和性能优劣。
2. 用万用表判别若干晶体三极管的管脚、类型及性能优劣。
(1) 判别晶体管的类型和基极。
(2) 判别晶体管的集电极。
(3) 根据电流放大能力及漏电阻的大小估测晶体管的性能优劣。

注意:
(1) 测量时万用表应置于"R×100"或"R×1k"档,切勿放置在低阻档或高阻档测量,以防晶体管损坏。

（2）指针式万用表的黑表棒为正极性，红表棒为负极性，切勿与万用表表面上所标的极性符号相混淆。

3．测量 C9011 三极管的电流放大系数

首先测量并求出 C9011 三极管在 $V_{CE}=6V$，$I_C=3,5,6(mA)$ 时的 β 值，再测量 I_C 介于 $5\sim6mA$ 之间的 β 值。

4．测量 C9011 三极管的输入特性曲线 I_B—V_{BE}。

按图 2-6 连接测试电路。

（1）调节集电极电压，使 $V_{CE}=0V$。调节 R_{P2} 及 E_B，分别使 $I_B=0,10\mu A,20\mu A,40\mu A,\cdots$，测量相应的 V_{BE} 值，填入表 4-1 中。

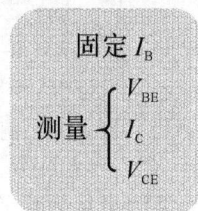

固定 I_B

测量 $\left\{ \begin{array}{l} V_{BE} \\ I_C \\ V_{CE} \end{array} \right.$

表 4-1　I_B 与 V_{BE} 的关系

条件	$I_B(\mu A)$	0	10	20	40	60	80
$V_{CE}=0V$	$V_{BE}(V)$						
$V_{CE}=5V$	$V_{BE}(V)$						

（2）调节集电极电压，使 $V_{CE}=5V$。重复上述步骤。

5．测量 C9011 三极管的输出特性曲线

（1）使 $I_B=0\mu A$（断开三极管基极），调节集电极电源电压，分别使 $V_{CE}=0V,0.5V,1V,5V,\cdots$，测量相应的 I_C 值，填入表 4-2 中。

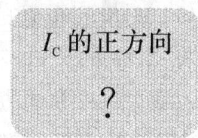

I_C 的正方向

？

（2）调节 R_{P2}，使 $I_B=20\mu A,40\mu A,\cdots$。重复上述步骤。

表 4-2　I_C 与 V_{CE} 的关系

条件	$V_{CE}(V)$	0	0.5	1	2	5	10
$I_B=0\mu A$	$I_C(mA)$						
$I_B=20\mu A$	$I_C(mA)$						
$I_B=40\mu A$	$I_C(mA)$						
$I_B=60\mu A$	$I_C(mA)$						

6．判别和测量场效应管的若干参数。

（1）确定场效应管的类型和栅极。

（2）测量场效应管 $V_{GS}=0$ 时的漏极饱和电流 I_{DSS}。

*（3）测量场效应管的夹断电压 $V_{GS(off)}$。

将场效应管的源极 S 和栅极 G 接通，在 G 和漏极 D 之间加上电压 V_{DG}，并测量其间流过的电流 I_D。如图 4-13 所示。使 V_{DG} 从 0V 开始增大，I_D 将逐渐减小，直到 I_D 基本不变，此时的 V_{DG} 值就是场效应管的夹断电压 $V_{GS(off)}$。

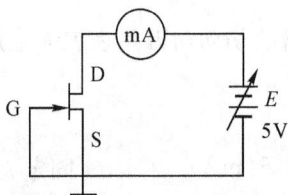

图 4-13　测量夹断电压　　　　　　　　图 4-14　测量转移特性

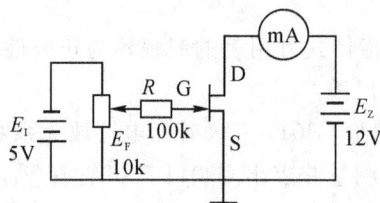

（3）测量场效应管的转移特性。

如图 4-14 所示连接线路。测量 V_{GS} 与 I_D 的关系，并记录在表 4-3 中。

表 4-3　I_D 与 V_{GS} 的关系

$V_{GS}(V)$	0						
$I_D(mA)$							

*7. 用 QT-2 晶体管特性图示仪测量三极管的输入、输出特性曲线，及晶体管的反向击穿电压 $V_{(BR)CEO}$。

（1）测量三极管的输入特性

将 X 轴处于 V_{BE} 功能区，置 0.1V/度；Y 轴置于"阶梯"功能处，置 $10\mu A$/级，阶梯级数控制在八级左右；集电极扫描电压置 10V 档，集电极功耗限制电阻选 500Ω；电压极性置"NPN"与"常态"；被测三极管插入专用插座，接通输入选择开关。屏幕就不会显示出以点组成的输入特性曲线，调节集电极扫描电压大小，光点会作水平方向移动。

（2）测量三极管的输出特性

将 X 轴处于 V_{CE} 功能区，置 1V/度；Y 轴置于"I_C"功能区，置 1mA/级；集电极扫描电压置 10V 档，集电极功耗限制电阻选 500Ω；基极阶梯扫描置 $10\mu A$/级，阶梯级数控制在八级左右；电压极性置"NPN"与"常态"；被测三极管插入专用插座，接通输入选择开关。若连接正确，屏幕就不会显示出输出特性曲线族，调节集电极扫描电压大小，曲线长短会发生变化。

（3）测量晶体管三极的反向击穿电压

在上述测试的基础上，将 I_B 置"开路"，逆旋集电极扫描电压连续调节钮，使输出电压较小，再将 X 轴偏转因数置 10V/度，集电极扫描电压档位置 50V 或 100V 档，集电极功耗限制电阻选 1kΩ；然后逐渐升高集电极扫描电压，观察屏幕上的光迹，直至曲线开始弯曲（击穿）为止，此时的 Y 轴最高电压就是 $V_{(BR)CEO}$ 值。

四、实验器材

1. YL-1B 型实验板　　　　　　　一块
2. DF1731SC 直流稳压电源　　　　一台
3. 500 型万用表　　　　　　　　　一只
4. 数字万用表　　　　　　　　　　一只
5. QT-2 晶体管特性图示仪　　　　　一台

五、预习要求

1. 复习晶体管的基本特性,熟悉测量原理。

2. 阅读 QT-2 晶体管特性图示仪的使用说明(附录 5-4)。

3. 列出数据记录表格和注意事项。

六、实验报告要求

1. 整理实验数据,绘出晶体管的输入、输出特性曲线。计算三极管的输入交流电阻与电流放大倍数,并进行合理性分析。

2. 总结比较哪些测试方法更为实用。

七、思考题

1. 用万用表 1kΩ 档测量二极管导通情况时,万用表的指针指在 5.0 位置,能否说明此些二极管的导通内阻就是 5.0kΩ? 为什么?

2. 怎样记录数据可以使逐点法测量三极管参数的过程更加简便?

3. 测量过程中如何确保三极管(或场效应管)不损坏?

实验五　基本放大电路

一、实验目的

1. 学习放大电路静态工作点的调整方法。
2. 掌握放大电路动态参数的测量方法。
3. 明确放大电路动态范围的物理意义。

二、实验原理及参考电路

晶体管放大电路在工作时，必须设置合适的静态工作点（Q 点），让三极管工作于放大区，才能对小信号进行不失真放大。调整静态工作点通常是改变放大电路的上偏置电阻来实现（如图 5-1 中的 W_b）。上偏置电阻阻值是否合适以三极管集电极的对地电压值为判断标准，一般让集电极电位处于电源电压的一半或根据特定要求确定如图 5-1 所示。

阻容耦合放大器有一定的频率范围，当频率很低时，由于电路电容的容抗增大，不能有效放大信号；当信号频率很高时，由于电路分布电容及晶体管的截止频率的影响，放大能力也将减小。通常是将放大能力下降到中心频率对应的放大倍数的 70% 时的频率作为界限，分别称为上、下截止频率 f_H、f_L，能有效放大的频率范围称通频带 BW。

$$BW = f_H - f_L$$

元件参考值为：

$C_1 = C_2 = 10\mu F$

$C_3 = 47\mu F$,

$C_4 = 510P$

$W_b = 470k\Omega, R_{b1} = 20k\Omega$

$R_{b2} = 10k\Omega, R_e = 1k\Omega$

$R_C = 4.7k\Omega, R_L = 2.7k\Omega$

在电子电路中，所指的输入、输出电压，或某点的信号电压，都是指该点对地线（公共线）之间的电压值，在直流参数中称为电位。

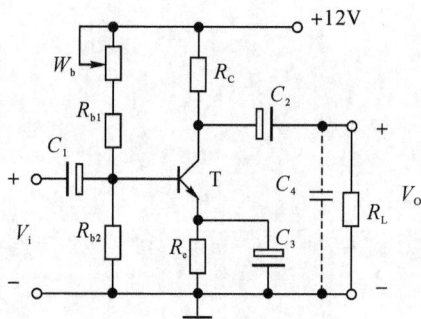

图 5-1　基本放大电路

三、实验内容及步骤

1. 在模拟电路实验箱中按图 5-1 所示电路连接好线路（电容 C_4 可以不接），注意：实验面板上所画的白色线段表示已在板背面接通了相应电路，相应导线不必另外连接。经检查无误后，接通电源。

2. 测试调整电路的静态工作点。

为了使电路能进入线性放大状态，必须设置合适的静态工作点。在无信号输入时，调节可变电阻 W_b，要求三极管的集电极电流控制在 1mA。可以用万用表的电流功能档直接测量，也可以间接测量，即测量三极管集电极电阻上的电压，或测量三极管

> 静态工作参数调准后，保持不变

发射极电阻上的电压,再换算出电流。

表 5-1 静态参数记录表

V_B	V_E	V_{BE}	V_{CE}	I_C

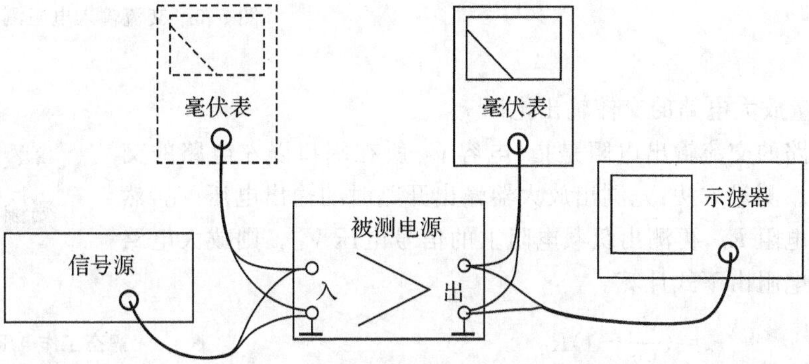

图 5-2 电路测量连接图

3. 测量电路的电压放大倍数 A_V。

(1) 在放大器信号输入端口接上信号源,送入 $f=1\text{kHz}$, $V_i \approx 10\text{mV}$ 的正弦波信号,用示波器监视放大器输出波形。

测电压增益 输入值? 输出值?

(2) 在输出信号波形不失真的情况下,用晶体管毫伏表测量放大电路输出端信号电压(有负载或无负载都可以测量),计算信号电压放大倍数 $A_V = V_O/V_i$。若已知三极管的 β 值时,可将测得的 A_V 与估算值相比较。估算值为:

$$A_V = \frac{\beta R_C}{r_{be}}$$

$$r_{be} = 300 + (1+\beta)\frac{26}{I_E}$$

*(3)改变集电极电阻 R_C 值,观察输出波形的变化,若波形没有失真,再测出此时的信号电压放大倍数 A_V。

(4) 示波器比较 V_O、V_i 的相位。

分别将 V_O、V_i 输入到示波器的两个通道中,将扫描方式处于"交替",示波器同步方式选内同步,同步踪迹选两个输入信号中的任意一个即可。观察它们的相位是否相差 $180°$。

用双踪示波器 比较相位?

4. 测量放大电路的输入、输出阻抗。

(1) 测量放大电路的交流输入电阻 r_i

放大电路的交流输入电阻是指:电容 C_1 所在端口以后电路的交流等效电阻 r_i,参考图 5-3。测量方法:取一电阻 $R=1\text{k}\Omega$,串联到输入回路,用毫伏表分别测量出 V_S 和 V_i,则

比较法测量 输入电阻

$$r_i = \frac{V_i}{V_s - V_i} R$$

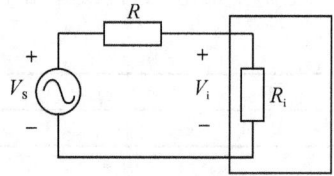

图 5-3　交流输入电阻测量原理图

（2）测量放大电路的交流输出电阻 r_o。

放大电路的交流输出电阻是指：电容 C_2 所在端口以左电路的交流等效电阻。测量方法：先测出放大器输出开路时的输出电压 V_O，然后接上负载电阻 R_L，再测出负载电阻上的信号电压 V_L。则放大电路的交流输出电阻由下式计算。

等效电路法
测输出电阻

$$r_o = \left(\frac{V_O}{V_L} - 1\right) R_L$$

5. 测量放大电路的动态范围及最佳静态工作点。

放大电路的动态范围是指输出信号不失真的情况下，三极管集电极电位的最大允许变化范围；最佳静态工作点是指电路达到最大动态范围时对应的静态工作点。

接上负载电阻 R_L，缓慢增大放大器输入信号的幅度 V_i，用示波器的直流功能档观察放大器的输出波形 V_O，当波形的上峰点（或下峰点）将要开始失真时，记下此时输出波形的幅度，其峰—峰点的电位值即对应当时的放大器动态范围。放大器动态范围一般用二个电位值表示一个区间，如放大器动态范围为 2～10V。

略增大输入信号幅度，使其输出波形的一个峰产生明显失真，然后调整其静态偏置，使失真消失。再重复上述步骤，反复调试，直至波形的上峰点及下峰点将要同时开始失真时，放大器达到最大动态范围，此时所处的静态工作点就是最佳静态工作点。

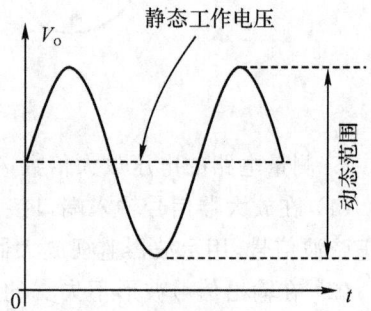

图 5-4　放大器输出端波形

最佳静态工作点?
能够使输出信号电压
幅度最大

表 5-2　态范围及最佳静态工作点记录

原动态范围	最大动态范围	最佳静态工作点

四、实验器材

1. DF1642B 型信号源　　　　　　一台
2. 500 型万用表　　　　　　　　一只
3. GOS-6021 型二踪示波器　　　　一台

4. DF2173B 型晶体管毫伏表　　　　　一台
5. DF1731SC 直流稳压电源　　　　　　一台
6. YL-1A 型实验板　　　　　　　　　　一块

五、预习要求

1. 阅读模拟电路有关内容,熟悉放大电路的静态工作点的设置。大致估算最佳静态工作点(以获得最大幅度的不失真输出为准)。

2. 实验中若出现下图所示波形,判断是属于哪一种类型的失真。

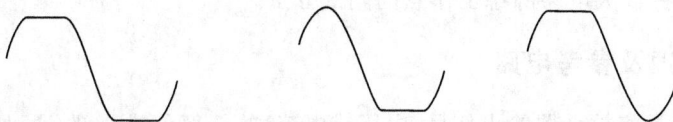

3. 复习等效电阻的实验测量法。

4. 写清实验步骤,列出实验数据记录表格。

六、实验报告要求

1. 整理所记录的数据,按要求填入表格。注意记录相关的电阻参数。

2. 记录调试过程中所发生的问题,进行故障分析。

3. 分析预习题中的波形失真类型。

实验六　负反馈放大电路

一、实验目的

1. 加深理解负反馈放大电路的工作原理及负反馈对放大电路性能的影响。
2. 掌握负反馈放大电路性能的测量与调试方法。
3. 进一步掌握放大电路静态工作点的调试方法。

二、实验原理及参考电路

所谓反馈,就是将放大器输出信号(电压或电流)的一部分或全部,通过一定的方式送回到它的输入端,见图 6-1 所示。反馈类型有:

① 若引入的反馈信号使净输入信号减小,导致放大器的放大倍数降低,这种反馈称为负反馈;若反馈信号使净输入信号加强,导致放大器的放大倍数增大,这种反馈称为正反馈。

② 若反馈信号与输出电压成正比的是电压反馈;凡反馈信号与输出电流成正比的是电流反馈。判别方法是:把输出端短路(使输出电压为零),反馈信号 V_f 也为零,则是电压反馈,见图 6-2(a)所示;若输出电压为零,而反馈信号 V_f 不为零,则是电流反馈,见图 6-2(b)。图中 R_f 为反馈元件。

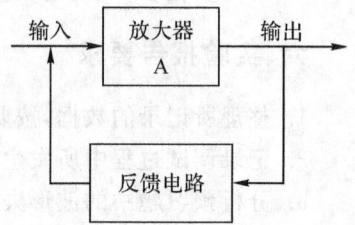

图 6-1　反馈结构框图

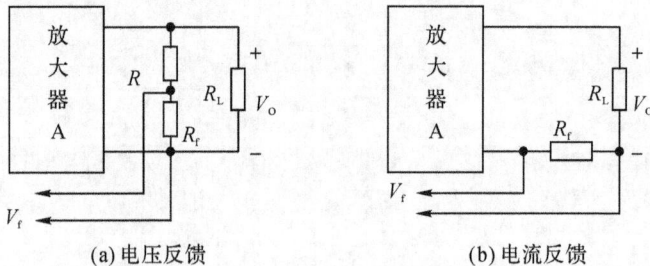

(a)电压反馈　　　　　　(b)电流反馈

图 6-2　电压反馈和电流反馈

③ 若放大器的输入电压 V_i 是由输入信号 V_s 和反馈信号 V_f 串联而成的称为串联反馈,见图 6-3(a);若放大器的净输入电流 i_i 是由输入信号电流 i_s 和反馈信号电流 i_f 并联而成的称为并联反馈,见图 6-3(b)。判断方法是:把输入端短路,这时反馈信号同样被短路,即反馈信号为零,则为并联反馈;如此时反馈信号没有消失,则为串联反馈。

图 6-4 为负反馈电路。调节 R_f 可控制反馈深度,R_f 越大,负反馈越弱;R_f 越小,负反馈越强。放大电路加入负反馈后,性能指标参数将发生变化,具体为:

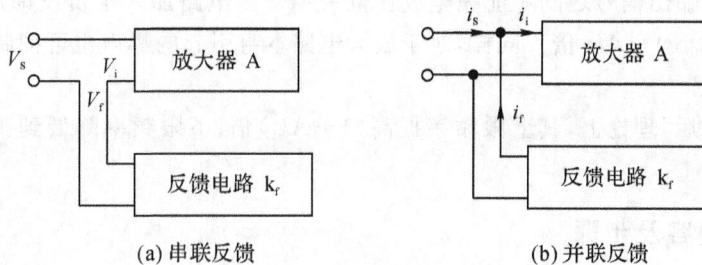

(a) 串联反馈   (b) 并联反馈

图 6-3 串联反馈和并联反馈

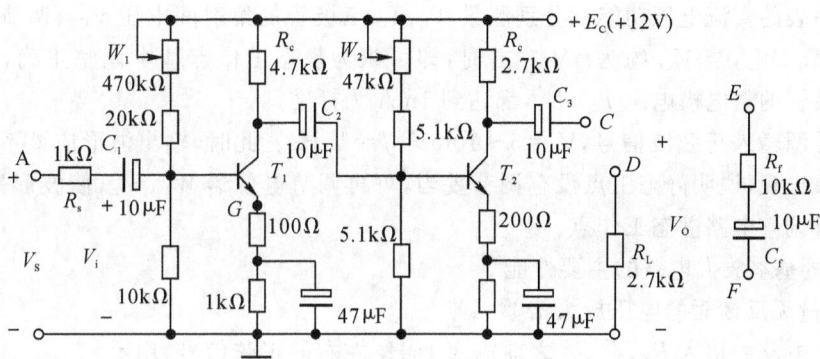

图 6-4 电压串负反馈实验电路图

① 提高放大器增益的稳定性

无反馈时放大器的增益为 A，若反馈网络为纯电阻性，则负反馈放大器增益为 $A_f = A/(1+Ak_f)$，即引入负反馈后，放大器增益要下降 $1+Ak_f$ 倍，但放大器的稳定性却提高了 $1+Ak_f$ 倍。

② 改变放大电路输入和输出电阻

对放大电路输入电阻的影响：

只要放大电路输入端采用串联负反馈的方式，其输入电阻都将增大，而与无反馈时的输入电阻相比，增加一个反馈深度 $(1+Ak_f)$ 倍；若放大电路输入端采用并联负反馈的方式，其输入电阻都要减小，而与无反馈时的输入电阻相比，减小一个反馈深度 $(1+Ak_f)$ 倍。

对放大电路输出电阻的影响：

在不考虑集电极负载电阻时，只要放大电路输出端采用电压负反馈的方式，其输出电阻都要减小，而与无反馈时的输出电阻相比，减小一个反馈深度 $(1+Ak_f)$ 倍；若放大电路输出端采用电流负反馈的方式，其输出电阻都有要增加，而与无反馈时的输出电阻相比，增加一个反馈深度 $(1+Ak_f)$ 倍。若考虑负载的影响，则输出电阻改变的趋向同上，但改变量有所缩小。

③ 减小非线性失真和抑制干扰

理想放大器为线性放大器，但实际的基本放大电路都存在非线性失真现象，即放大电路的输入信号与其输出信号之间不能完全成比例关系。当电路加入了负反馈后,放大电路的非线性失真将减小 $1+Ak_f$ 倍。同样,对于放大电路本身引起的噪声也可抑制 $1+Ak_f$ 倍。

④ 频带展宽

引入负反馈后,理论上,其上限频率提高 $(1+Ak_f)$ 倍,下限频率降低到 $1/(1+Ak_f)$,其通频带展宽。

三、实验内容及步骤

电压串联负反馈实验电路图见图 6-4 所示。按图连线,接线检查无误后,接通电源。

1. 调整并测量静态工作点

用万用表的直流电压功能档分别测量 T_1、T_2 三极管的集射间电压 V_{CE},调节两个相应的电位器 W_1、W_2,当 V_{CE} 约为 4V 左右时,即可认为静态工作点基本调整正确,或者测量 T_1、T_2 三极管的集电极电压 I_{C1}、I_{C2},都达到 1mA 为标准。

用信号源输入正弦波信号,$V_i=5\sim10$mV,$f=1$kHz。此时,输出波形应该不失真。若有失真现象出现,说明静态工点没有调节妥当,可再调节电位器 W_1、W_2,使波形失真消失。或重新测量调整电路静态工作点。

2. 测量基本放大电路的主要性能

(1)测量无反馈时的电压放大倍数 A

在放大电路中接入 R_S,在 R_S 之前输入 1kHz 左右的正弦信号,用示波器监视放大电路的输出信号,分别测量在输出波形不失真时的放大器的输入、输出信号电压值,计算出此时放大器的电压放大倍数 A。

$$A=V_O/V_i$$

(2) 测量输入电阻 r_i

同样,要求在放大电路输出信号波形不失真时,测量放大电路输入端之前的信号电压 V_S、V_i 的值,用下式求出 r_i。

$$r_i=\frac{V_i}{V_S-V_i}R_S$$

(3) 测量输出电阻 r_0

同样,要求在放大电路输出信号波形不失真时,测量负载电阻 R_L 不加入时的放大电路输出信号电压 V_O 和加入 R_L 时的放大电路输出信号电压 V_L,则放大电路输出电阻 r_0 为

$$r_0=\left(\frac{V_O}{V_L}-1\right)R_L$$

(4) 测量放大电路的通频带 BW

可以在示波器上读出放大电路的输出信号电压 V_O 的峰—峰值,用 V_{OPP} 表示。保证输入信号的幅度不变,大跨度增加放大电路输入信号的频率,放大电路信号输出幅度将会减小。当输出信号幅度减小到原来的 V_{OPP} 的 70% 时,信号源输出的频率就是该放大器的上限频率 f_H。

同理,显著减小输入信号的频率(输入 V_i 不变),放大电路的输出信号

測电压增益

输入值?

输出值?

比较法测量输入电阻

等效电路法测输出电阻

放大电路不可能对所有频率的信号都有效放大

电压 V_O 同样会减小。当 V_O 减小到中段频率对应的 V_{OPP} 的 70％时，信号源输出的频率即为放大器的下限频率 f_L。记入表 6-1 中，计算通频度带

$$BW = f_H - f_L$$

3. 测量加入负反馈后放大电路的性能

测量电路的通频带 BW。将图 6-4 中 C 与 E 相连接，G 和 F 相连接，组成电压串联负反馈电路。

(1)测量有负反馈时的电压放大倍数 A_f

放大电路中接入 R_S，在 R_S 之前输入 1kHz 的正弦信号，在放大电路输出信号波形不失真时，分别测量的放大器输入、输出电压值 V_i 和 V_O，计算出 A_f 值。

$$A_f = V_O / V_i$$

(2)测量有负反馈时的输入电阻 r_{if}

在输出信号波形不失真的情况下，测量放大电路输入端之前的信号电压 $V_s{}'$、$V_i{}'$ 的幅值，用公式求出 r_{if}。

$$r_{if} = \frac{V_i{}'}{V_s{}' - V_i{}'} R_S$$

(3)测量有负反馈时的输出电阻 r_{Of}

在输出信号波形不失真的情况下，测量负载电阻 R_L 不加入时放大器的信号输出电压 V_{Of} 和加入 R_L 时的放大电路信号输出电压 V_{Lf}，则放大电路输出电阻 r_{Of} 为

$$r_{of} = \left(\frac{V_{of}}{V_{Lf}} - 1 \right) R_L$$

(4)测量电路的通频带 BW

可以用毫伏表进行读数，也可以在示波器上读出放大电路的输出信号电压 V_{Of} 的峰—峰值 V_{OPP}。保证输入信号的幅度不变，增加输入信号的频率，当输出电压减小到中频段的 V_{OPP} 的 70％时，信号源输出的频率就是该放大器的上限频率 f_{Hf}。

同理，减小输入信号的频率（输入 V_i 不变），当 V_O 减小到原 V_{OPP} 的 70％时，信号源所处的频率即为放大器的下限频率 f_{Lf}。记入表 4-1 中，计算通频度带。

$$BW = f_{Hf} - f_{Lf}$$

表 6-1 通频带记录表

	原 V_{OPP}	70％ V_{OPP}	f_H	f_L	$BW = f_H - f_L$
无反馈					
有反馈					

为了提高实验速度，突出有负反馈和无负反馈两种情况的比对，实际测试中，可将无负反馈和引入负反馈两种状态交叉进行，如测量放大器的输入电阻 r_i 时，先测量无反馈时的参数 V_s、V_i 的值，再接入负反馈支路，不必拆除仪表的连线，紧接着测量引入负反馈时的参数 $V_s{}'$、$V_i{}'$ 的值。放大器其他特性的测量类同，数据记录表可以列在一起。

注意：电路连接线要短而整齐，以尽量减少干扰。

四、实验器材

1. DF1642B 型信号源　　　　　　一台
2. 500 型万用表　　　　　　　　一只
3. GOS-6021 型二踪示波器　　　　一台
4. DF2173B 型晶体管毫伏表　　　一台
5. DF1731SC 直流稳压电源　　　　一台
6. YL-1A 型实验板　　　　　　　一块
7. YL-1B 型实验板　　　　　　　一块

五、预习要求

1. 复习有关电压串联负反馈的知识,熟悉电路工作原理。
2. 预先设计数据记录表格。

六、实验报告要求

1. 记录各项数据,并与理论值相比较,分析误差原因。
2. 画出反映幅频特性的波特图。
3. 由实验结果说明电压串联负反馈对放大器性能有何影响?

实验七 差动放大电路

一、实验目的

1. 学会调节差动放大器的静态工作点；
2. 掌握放大器差动输入、双端输出及单端输出的差模放大倍数的测试方法；
3. 掌握放大器双端输出和单端输出的共模放大倍数及共模抑制比的测试方法（K_{CMR}）。

二、实验原理和电路

差动放大器又称差分放大器，它是一种能够有效地抑制零漂的直流放大电路。它有多种形式的电路结构，图 7-1 为本实验所采用的差动放大电路图。该电路是由两个完全对称的单管放大器组成，图中 $R_{b1}=R_{b2}=10\text{k}\Omega$，$R_{c1}=R_{c2}=10\text{k}\Omega$，$R_1=R_2=1\text{k}\Omega$，$T_1$、$T_2$ 为特性相同的三极管。R_W 为调零电位器，信号从 V_{i1}、V_{i2} 两端输入。

1. 差动输入、双端输出

如图 7-1 所示电路中，若 F 端连接 G 端，输入信号 V_i 加于 AB 两端，则 V_{i1}（A 端对地）$=\frac{1}{2}V_i$；V_{i2}（B 端对地）$=-\frac{1}{2}V_i$；T_1、T_2 两管集电极输出电压为 V_O，若电位器 R_W 的滑动端调在中间位置，则其差模放大倍数为：

$$A_{Vd}=\frac{\Delta V_O}{\Delta V_i}=\frac{-\beta R_{C1}}{R_{b1}+r_{be}+(1+\beta)\dfrac{R_W}{2}}$$

若在输出端接有负载 R_L，则放大倍数为

$$A_{Vd}=\frac{\Delta V_O}{\Delta V_i}=\frac{-\beta R_L{}'}{R_{b1}+r_{be}+(1+\beta)\dfrac{R_W}{2}}$$

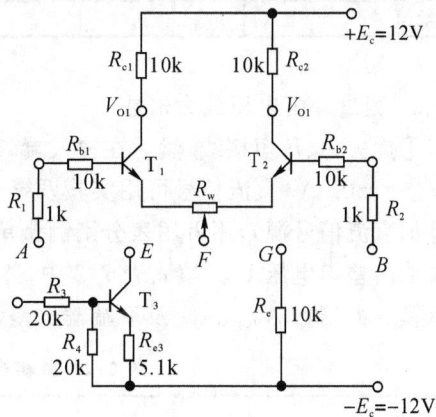

图 7-1 差动放大器实验电路

式中：$R_L{}'=\dfrac{R_L}{2}/\!/R_{C1}$

2. 差动输入、单端输出

若输入信号接法不变，T_1 管集电极 C 点（对地）输出电压 V_{O1}，其差模电压放大倍数为

$$A_{Vd}=\frac{\Delta V_O}{\Delta V_i}=-\frac{1}{2}\quad\frac{\beta R_{c1}}{R_{b1}+r_{be}+(1+\beta)\dfrac{R_W}{2}}$$

当从 T_2 管的集电极 D 点（对地）输出时，差模电压放大倍数的大小同上式，但表达式前没有负号。

3. 共模抑制比

将图 7-1 中的 A、B 两点相连，F 接 G，输入信号加到 A 与地之间，电路此时为共模输入。若为双端输出，则在理想情况下，其共模电压放大倍数为 $A_{VC}=0$。若为单端输出，则共

模电压放大倍数：

$$A_{\mathrm{VC}} \approx -\frac{Rc}{2Re}$$

共模抑制比定义为：$K_{\mathrm{CMR}} = \left| \dfrac{A_{\mathrm{Vd}}}{A_{\mathrm{VC}}} \right|$

欲要使 K_{CMR} 大，就要求 A_{Vd} 大，A_{VC} 小；欲使 A_{VC} 小，就要求 R_e 阻值大。图 7-1 电路中，若把 F 端连接 E 端，K_{CMR} 就很大了，这是由于 T_3 的恒流作用，等效的 R_e 极大的缘故。

三、实验内容与步骤

1. 静态工作点测试

在图 7-1 中，$+E_c$ 接 $+12\mathrm{V}$，$-E_c$ 接 $-12\mathrm{V}$，F 端连接 G 端或 E 端，输入端 AB 相连并接地，用数字万用表测量 T_1，T_2 管的集电极输出，并调节电位器 R_w，使双端输出电压差为零，即 $V_O = V_{O1} - V_{O2} \approx 0$。然后测量两管各电极对地电位，并记录数据于表 7-1 中。

调对称度

表 7-1　静态工作点记录表

对地电压(V)	V_{O1}	V_{O2}	V_F	V_{R1}	V_{R2}
计算值(R_w 在中点)					
测量值					

2. 测量差模电压放大倍数

①拆去 A、B 短接线，然后在输入端 A、B 间分别加入直流差模信号 $V_{1d} = \pm 0.1\mathrm{V}$（直流信号可用实验系统中信号，若实验系统没有，可以外加直流信号源），用万用表分别测量单端输出电压 V_{Od1}、V_{Od2} 以及双端输出差模电压 V_{Od}，填入表 7-2 中，并根据所测数据，算出单端输出差模放大倍数 A_{Vd1}、A_{Vd2} 及双端输出差模放大倍数 A_{Vd}。

测量差模
电压增益

表 7-2　差模电压放大倍数数据纪录表

输入信号		测量值					计算值		
		V_{O1}	V_{O2}	V_{Od1}	V_{Od2}	V_{Od}	V_{Vd1}	V_{Vd2}	V_{Vd}
直流	$V_{id1} = +0.1\mathrm{V}$								
	$V_{id2} = -0.1\mathrm{V}$								
交流	$V_i = 0.05\mathrm{V}$								

②输入低频小信号 $V_i = 50\mathrm{mV}$，$f = 1\mathrm{kHz}$，分别测量单端及双端输出电压，有关数据填入表 7-2 中，并计算单端及双端的差模电压放大倍数。

3. 比较相位

在差分放大器输入(A、B)端直接加入 $f = 1\mathrm{kHz}$ 的正弦波输入信号，以放大后输出信号波形产生最大不失真为止，这时，用双踪示波器观察 V_i 与 V_{O1} 和 V_{O2} 的波形及其相位。

4. 测量共模电压放大倍数

①将 A、B 端短接在一起,另一端接地。分别加入直流共模信号 $V_{iC}=\pm0.1V$,测量单端输出共模电压 V_{OC1}、V_{OC2} 及双端输出共模电压 V_{OC},记录在表 7-3 中,并由测量数据计算单端输出共模放大倍数 A_{VC1}、A_{VC2} 及双端输出共模放大倍数 A_{VC}。

②根据实测的数据求得的 A_{VC} 以及 A_{Vd},即可求出共模抑制比 K_{CMR},即

测量共模
电压增益

$$K_{CMR}=\left|\frac{A_{Vd}}{A_{VC}}\right|$$

表 7-3 共模电压放大倍数数据记录表

输入信号		测量值					计算值		
		V_{O1}	V_{O2}	V_{OC1}	V_{OC2}	V_{VC1}	V_{VC2}	V_{VC}	V_{CMR}
直流	$V_{ic1}=+0.1V$								
	$V_{ic2}=-0.1V$								
交流	$V_i=0.05V$								

5. 将 F 端接至 E 端,即 R_e 改为恒流源负载,参考实验步骤 $1\sim4$,测量 A_{Vd}、A_{VC} 及 K_{CMR},并与以上实验进行比较。

6. 接上可变负载电阻 $R_L=10k\Omega$(R_L 接在 C、D 间),参照实验步骤 $1\sim4$ 进行各有关实验和测量。

注意:电路连接线要短而整齐,以尽量减少干扰。

四、实验器材

1. MES 系列模拟电子电路实验系统　　　　　1 台
2. 直流稳压电源　　　　　　　　　　　　　1 台
3. DF1642B 信号发生器　　　　　　　　　　1 台
4. GOS-6021 双踪示波器　　　　　　　　　1 台
5. 数字万用表　　　　　　　　　　　　　各 1 块
6. 元器件:
电阻:5.1k,20kΩ,24kΩ　　　　　　　　各 1 只
　　　1kΩ　　　　　　　　　　　　　　2 只
　　　10kΩ　　　　　　　　　　　　　　5 只
电位器,　100Ω,10kΩ　　　　　　　　　各 1 只
三极管:　　　　　　　　　　　　　　　3 只

五、预习要求

1. 复习差动放大器的工作原理和调试步骤。

2. 按本实验电路参数计算静态工作点及差模电压放大倍数、单端输出时共模电压放大倍数,共模抑制比 K_{CMR}(可设 R_W 在中间位置,T_1 和 T_2 的 β 在 $75\sim100$ 之间)。

3. 自拟实验数据测试表格。

六、实验报告要求

1. 整理实验电路和实验测试数据,并和理论计算值比较。

2. 简要说明 Re 及恒流源的作用。

3. 总结差动放大器的性能和特点。

附:色环电阻阻值的识别

电阻器阻值的基本单位为欧姆(Ω),最主要的三大参数是电阻值、功率、误差,除在电阻体上标明规格外,往往还用颜色表示阻值及误差,该类电阻称色环电阻,各色环含义如下:

黑	棕	红	橙	黄	绿	蓝	紫	灰	白	金色	银色
0	1	2	3	4	5	6	7	8	9	×0.1 ±5%	×0.01 ±10%

普通电阻用四个色环表示,称四环电阻。对于四环电阻,从左往右排列,第 1、2 环代表数值,第 3 环代表倍乘数,第 4 环代表误差。其中金色、银色色环在倒数第 2 环代表倍乘数,在末环代表误差。

精密电阻用五个色环表示。对于五环电阻,从左往右排列,1 至 3 环代表数值,第 4 环代表倍乘数,第 5 环代表误差。其中金色、银色色环在到数第 2 环代表倍乘数,在末环代表误差。

黄 紫 橙 银
47Ω ±10%

棕 绿 红 银 金
1.52Ω ±5%

实验八　OTL 功率放大电路

一、实验目的

1. 了解 OTL 功率放大器静态工作点的调试方法；
2. 学测量功放电路的有关参数；
3. 观察功放电路中自举电容的作用。

二、实验原理和电路

多级放大器的最后一级一般总是带有一定的负载，如扬声器、电动机或继电器等，这就需要输出有一定的功率。所以，功率放大器需对前面电压放大的信号进行功率放大，而推动负载去做功。这种以输出功率为主要目的的放大电路称为功率放大器。

功率放大器按输出级静态工作点的位置可分为甲类、乙类、甲乙类、丙类等几种。甲类功放的静态工作点在交流负载线的中点，理想化的最大效率只有 50%；乙类功放的静态工作点设在交流负载线与横坐标轴的交点上，其理想化的最大效率可达到 78.5%；甲乙类功放的静态工作点设在放大区与截止区的临界处，静态时有较小的电流流过输出管，它克服了输出管死区电压的影响，消除了交越失真。若按照输出级与负载的耦合方式，甲乙类功放又分为电容耦合（OTL 电路）、直接耦合（OCL 电路）和变压器耦合三种。传统的功率放大输出级常常采用变压器耦合方式，其优点是便于实现阻抗匹配，但由于变压器体积庞大，比较笨重，消耗有色金属，而且在低频和高频部分产生相移，使放大电路在引入负反馈时容易产生自激振荡，所以目前基本采用无输出变压器的 OTL 或 OCL 功放电路，本实验即采用 OTL 功率放大器进行功放电路的实验研究。

（一）分立元件组成的功率放大器

图 8-1 为实验用的分立元件 OTL 功率放大电路。研究分立式元件的 OTL 功率放大电路，对于真正掌握电路工作原理很有帮助。

图中三极管 T_1 为前置电压放大级，T_2、T_3 是用锗材料做成的 NPN 和 PNP 型异型管，它们组成输出级。R_{w1} 是级间反馈电阻，形成直、交流电压并联负反馈。静态时，调节 R_{w1} 使输出端 O 点的电位为 $\frac{1}{2}E_C$，并且由于负反馈的作用使 O 点的电位稳定在这个数值上，此时，耦合电容 C_3 和自举电容 C_2 上的电压都将充电到接近 $\frac{1}{2}E_C$。

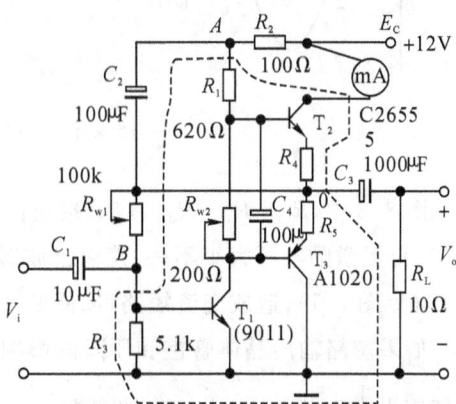

图 8-1　OTL 功率放大器实验电路

三极管 T_1 通过 R_{w1} 取得直流偏置，其静态工作点电流 I_{C1} 流经 R_{w2} 所形成的压降 $V_{Rw2}\approx$

1.2V,作为 T_2 和 T_3 的偏置电压,使输出级工作在甲乙类状态。

C_2 和 R_2 组成自举电路,目的是在输出正半周时,利用 C_2 上电压不能突变的原理,使 B 点的电位始终比 T_2 发射极(0 点)的电位约高出 $\frac{1}{2}E_C$,以保证 T_2 在 0 点电位上升时仍能充分导通。

R_1 是 T_1 的负载电阻,它的大小将影响电压放大倍数。

当有输入信号时,T_1 集电极输出放大了的电压信号,其正半周使 T_2 趋向导通,T_3 趋向截止,电流由 $+E_C$ 经 T_2 的集、射极通过 C_3(自上而下)流向负载电阻 R_L,并给 C_3 充电。当负半周时,T_3 趋向导通,电容 C_3 放电,电流通过 T_3 的发射极和集电极反向(自下而上)流过负载 R_L。因此,在 R_L 上形成完整的正弦波形,如图 8-2 所示。

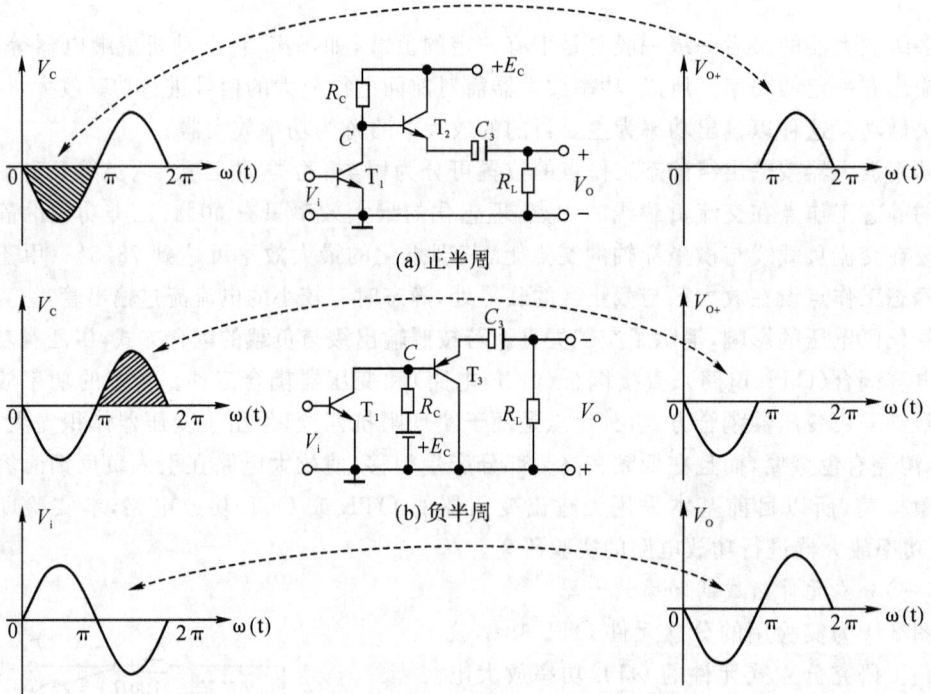

图 8-2　OTL 功率放大电路波形图

图 8-2 中,$R_C = R_1 + R_2$。应该指出的是,R_1 与 R_{w2} 相比阻值不应太大,否则将造成 T_2 和 T_3 交流激励电压大小不一,使输出波形失真,解决的办法是在 T_2 和 T_3 的基极上并一电容 C_4(见图 8-1),造成交流短路,以便使 T_2、T_3 的交流电压完全对称。

如果忽略输出晶体管饱和压降的影响,当交流信号足够大时,负载 R_L 上最大输出电压的幅值为 $\frac{1}{2}E_C$,因此最大输出功率为

$$P_{Omax} = \left(\frac{E_C}{2\sqrt{2}}\right)^2 \Big/ R_L = \frac{1}{8}E_C^2 / R_L$$

末级每个三极管的最大管耗:$P_{Tmax} \approx 0.2 P_{Omax}$

电源供给的功率：　$P_E = \dfrac{2}{\pi} \dfrac{\left(\frac{1}{2}E_C\right)^2}{R_L}$

该电路的理想效率：$\eta = 78.5\%$

由上述公式不难发现,输出三极管的管耗正比于输出功率。当要求输出功率很大时,管耗也必然很大,这时必须选择大功率管作为输出管。但选择特性完全一样的大功率异型管是较困难的,所以常常选用复合管作为输出管而达到输出一定功率的要求。

（二）集成功放电路及其应用

集成化是低频功率放大器的发展方向,我国已生产出了大批各种系列的集成功率放大器,本讲义仅介绍 LA4100/4101/4102 系列音频功率放大器。

1. 概述

LA4100、LA4101、LA4102 系列音频功率放大器,适用于便携式收音机、台式收音机、盒式录音机和收录机作音频功率放大器用。这三种电路充分考虑了采用不同电源电压(分别为 6V、7.5V、9V 供电),当采用 4Ω 扬声器、失真度为 10% 时,其输出功率分别为 1W、1.5W 和 2.1W。LA4100 与 LA4101 的芯片版图完全一样,而 LA4102 仅在末级的偏置电路方面略有差异。

2. 应用实例

图 8.3 是 LA4100(与 SL4100 是同类产品)音频功放的典型接线图。LA4101、LA4102 的应用电路图同 LA4100,只是电源工作电压不同(LA4100 的电源电压 $+V_{cc} = 6V$；LA4101 的 $+V_{cc} = 7.5V$；LA4102 的 $+V_{cc} = 9V$)。

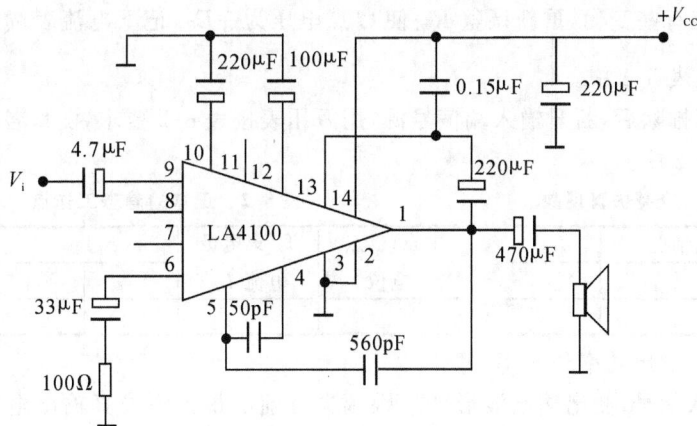

图 8-3　集成功率放大器应用电路

LA4100/4101/4102 集成电路应用注意事项：

应避免负载短路,否则将损坏集成电路;在收音机或收录机使用时,应远离磁性天线;使用中尽量不要超过规定电压;在设计印刷电路版时,应考虑以下几点:a. 输入和输出线不宜靠近;b. 输入耦合电容和自举电容不宜靠近;c. 输出地线应宽一些,尽可能与电源地线合一;d. 输入地线尽可能与负反馈地线合一;e. 当利用印刷板散热时,铜箔应尽量宽一些,并将集成电路的散热片与铜箔焊。

三、实验内容及步骤

1. 按图 8-1 电路结构接线。其中虚框以内的电路已接成模块。模块的线路面视图如图 8-4 所示。

2. 首先静态工作点调整。先将 R_{w2} 调至最小值,再调整 R_{w1}(100kΩ),使 O 点电位 V_O 等于 $\frac{1}{2}E_C$,即 6V 左右。

常见故障及产生原因:

① 若 O 点电压过低调不高,说明 T_1 的 I_{CEO} 太大,甚至存在软击穿;R_2 及 R_w 阻值太大;T_3 软击穿,I_{CEO} 过大,C_3 漏电大,或电容极性接反;T_1 基极上偏置电阻太小。

② 若 O 点电压过高无法降低,说明 T_1 质量差,β 大小,T_3 开路,T_2 击穿;或 T_1 基极上偏置电阻太大。

③ 输出波形若严重失真,将近半周的信号无输出,说明 T_2、T_3 管中的一个三极管没有工作。

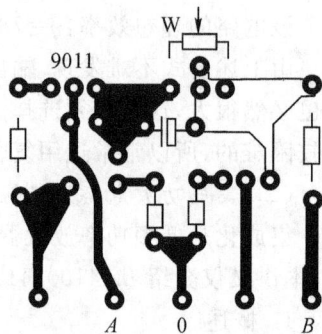

图 8-4　功率放大实验模块线路

3. 观察并消除交越失真

① O 点电压调整后,调节 R_{w2} 至最小值,关断电源,将 mA 表(可用万用表)串入电路中,接通电源,记下电流表读数(当时静态电流)。

② 在电路输入端输入 500Hz～1kHz 正弦波信号,用示波器观察 R_L 两端的波形。逐步加大输入信号幅度至示波器荧屏上出现交越失真。调节 R_{w2} 使交越失真正好消失为止,此时 O 点电压可能有些变化,重新调整 R_{w1} 使 O 点电压为 $\frac{1}{2}E_C$,记下电流表读数(静态电流)。将所测数据填入表 8-1 中。

③ 交越失真排除后,断开输入端信号源,用万用表按表 8-2 要求,测量各工作点电压,并把数据填入表 8-2 中。

表 8-1　交越失真现象

交越失真情况	I_{C2}
有	
无	

表 8-2　正常的静态工作点

中点(O 点)电位	T_2 集电极电流 I_{C2}	T_1 V_{BE}	V_{CE}	R_{w2} 两端电压

4. 测量最大输出功率和效率

① 加大输入信号,测出输出波形产生限幅失真前的最大不失真输出电压 V_{OM}(最大有效值)和相应的电源电流平均值 I_E,求出最大输出功率:

$$P_{Omax} = V_{OM}^2 / R_L$$

② 电源供给的功率: $P_E = E_C \cdot I_E$

③ 计算放大器工作效率: $\eta = \dfrac{P_{Omax}}{P_E}$

④ 最大功率输出时,晶体管的管耗: $P_T = P_E - P_{Omax}$

5. 将电路中自举电容 C_2 去掉,将输出信号波形重新调至最大不失真状态,观察输出波形幅度的变化,考察自举电容 C_2 的作用。

* 6. 用 LA4002 集成功率放大器组成功放电路,按图 8-3 所示连接线路。输入 1kHz 左右正弦波信号,用示波器观察 R_L 两端的波形,并测量电路的信号电压放大倍数和当时的最大输出功率 P_{Omax},列表记录。

　　注意:电路结构排列有序,电路连接线要短而整齐,以尽量减少干扰。

四、实验器材

1. MES 系列模拟电子电路实验系统　　　　　　一台
2. DF1642B 信号发生器　　　　　　　　　　　一台
3. GOS-6021 双踪示波器　　　　　　　　　　一台
4. 500 型万用表　　　　　　　　　　　　　　一块
5. DF2173B 毫伏表　　　　　　　　　　　　　一台
8. DF1731SC 直流稳压电源　　　　　　　　　一台
6. 元器件:功率电阻: $100\Omega,51\Omega,10\Omega$　　　　各1只

　　　　　　电容: $10\mu F,100\mu F,1000\mu F$　　　各1只

　　　　　　实验模块　　　　　　　　　　　1块

　　　　　　集成功放 LA4002　　　　　　　1块

五、预习要求

1. 复习 OTL 功率放大器的工作原理以及功放电路各参数的含义。
2. 熟悉本实验电路图,列出实验用表格。
3. 了解 OTL 功率放大器与 OCL 功率放大器及变压器推挽功率放大器有什么区别?
4. 了解 OTL 功率放大器自举电路的作用。

六、实验报告要求

1. 画出实验电路图,标明各元件参数值。
2. 将实验测试数据与理论计算值比较,并分析产生误差的原因。
3. 总结功率放大电路的特点及测量方法。

实验九　集成运算放大器及其主要参数的测试

一、实验目的

1. 加深对集成运算放大器及其主要参数基本概念的了解；
2. 掌握集成运算放大器主要参数的测试原理及方法。

二、实验原理和电路

1. 集成运放

集成运算放大器是一种高放大倍数、高输入电阻、低输出电阻的直接耦合放大电路。集成运算放大器的类型很多，电路也不尽一致，但在电路结构上有着共同之处，为了合理地选用和正确地使用集成运放，必须搞清其主要参数的含义，学会进行简易测试的方法。反映集成运算放大器特性的主要参数有：开环电压增益 A_{VO}；输入失调电压 V_{IO}；输入失调电流人 I_{io}；共模抑制比 K_{CMR}；输入电阻 r_{id}；输出电阻 r_o；共模输入电压范围 V_{ICR}；差模输入电压范围 V_{IDR}；转换速率 SR；静态功耗 P 等，现以国际上通用的 $\mu A741$ 集成运算放大器作为代表型号予以说明，因为这种运算放大器运放在电路形式和参数方面与目前国内比较通用的 $F007$ 基本相同。

$\mu A741$ 集成运放是一种具有高开环增益、高输入电压范围、具有内部频率补偿、高共模抑制比、有短路保护、不会出现阻塞且便于失调电压调零等特点的高性能集成运放。

① $\mu A741$ 的主要性能参数如表 9-1 所示。

表 9-1　$\mu A741$ 的主要参数

参　数	最小值	典型值	最大值	单位
开环电压增益 A_{VO}	5000	20000		
	\multicolumn{4}{c}{$(R_L \geq 2k\Omega, V_O = \pm 10V)$}			
输入失调电压 V_{IO}		1.0	5.0	mv
输入失调电流 I_{IO}		100	200	nA
差模输入电阻 r_{id}	0.3	2.0		$M\Omega$
输入电容 C_i		1.4		pF
输出电阻 r_o		75		Ω
电源电压 V_S		± 18		V
电源电流 I_S		1.4	2.8	mA
共模抑制比 K_{CMR}	70	90		d_B
共模输入电压 V_{IC}		± 13	$= E_c$	V
差模输入电压 V_{ID}			± 30	V
输出短路电流 I_{DS}		25		mA

② $\mu A741$ 各管脚功能及其管脚位置排列图

$\mu A741$ 各管脚功能见图 9-1，管脚排列见图 9-2。

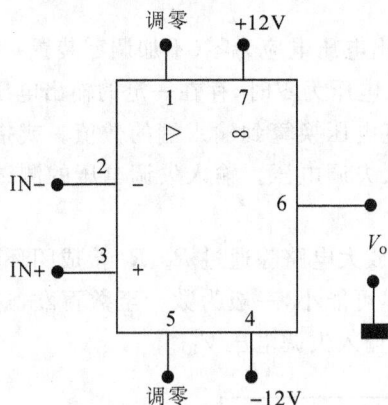

图 9-1 µA741 各管脚功能图

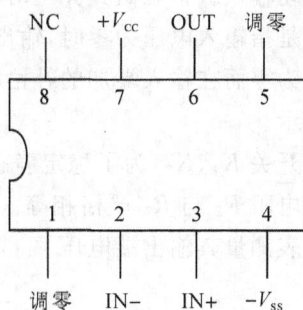

图 9-2 µA741 管脚排列图

本实验讨论 A_{VO}、I_{IO}、K_{CMR}、r_{id}、r_o 的简易测试方法。

2. 主要参数的简易测试

①开环电压增益 A_{VO}。

开环电压增益是指运算放大器没有反馈时的差模电压放大倍数。运算放大器虽然很少在开环状态下应用,但开环增益代表了放大器的放大能力。因此,A_{VO} 是运算放大器的一个重要参数。

开环电压增益可以用直流信号测试,也可以用交流信号测试。但为了测量方便,通常用低频正弦交流信号测试,当集成运算放大器的输入信号频率低于它的第一转折频率(即开环带宽)时,就不会引起明显的测量误差。测试电路如图 9-3 所示。

对于直流而言,由于通过 R_F 的负反馈,放大器的直流闭环增益极小,故输出端的直流电平非常稳定,也无需零点调节。图中 $R_F' = R_F$、$C_2 = C_1$ 是为保证集成运算放大器直流平衡而接入的。由于在反相输入端加了一个大电容 C_1,交流负反馈信号电压被 C_1 旁路不起作用,所以整个电路对交流信号来讲是开环的,低频信号 V_S 经电阻 R_1 与 R_2 组成的分压器得到 V',加到输入端。显然,只要测出 V_O 和 V_S,就可以求得开环电压增益 A_{VO}。

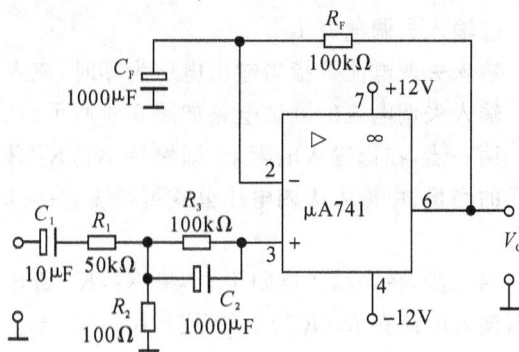

图 9-3 开环电压增益测试电路

$$A_{VO} = \frac{R_1 + R_2}{R_2} \cdot \frac{V_O}{V_S}$$

通常用分贝表示

$$20\lg A_{VO} = 20\lg\left(\frac{R_1 + R_2}{R_2} \cdot \frac{V_O}{V_S}\right)$$

②输入失调电压 V_{IO}

一个理想的集成运放,当输入电压为零时,输出电压电应为零(不加调零装置)。但实际上它的差动输入级很难做到完全对称,通常在输入电压为零时,存在一定的输出电压。输入失调电压是指输入电压为零时,输出端出现的直流电压换算到输入端的数值。或指为了使输出电压为零而在输入端加的补偿电压,叫做输入失调电压。输入失调电压的测试电路如图 9-4 所示。

合上开关 K_1、K_2,为了稳定静态工作点,图中放大电路除通过 R_F、R_1 接成闭环形式外,还须保证电阻 R_2 与 R_2' 严格相等。R_1 的取值应尽可能小,一般为数十至数百欧,这样就可以用万用表测量其输出端电压 V_{O1},从而即可求出输入失调电压 V_{IO}。

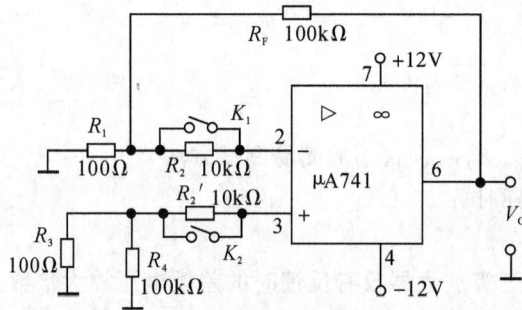

图 9-4　输入失调电压失调电流测试电路

$$V_{IO}=\frac{V_{O1}}{K_F}=V_{O1}\cdot\frac{R_1}{R_1+R_F}$$

代入 R_F、R_1 值,则 $V_{IO}=\dfrac{V_{IO}}{100}$

③输入失调电流 I_{IO}

输入失调电流是指当输出电压为零时,流入放大器两输入端的静态基极电流之差。

输入失调电流的测试电路如图 9-4 所示。

第一步,在低输入电阻下,即保持 K_1,K_2 闭合,测量输出电压 V_{O1},方法同前输入失调电压的测量,由输入失调电压公式可得 $V_{O1}=(1+R_F/R_1)V_{IO}$,这是由输入失调电压引起的部分。

第二步,在高输入电阻下,即将 K_1,K_2 断开,接入 R_2,R_2',这时放大器输入端除 V_{IO} 外,还有输入电流在 $R_2(R_2')$ 上的压降 $I_{b1}\times R_2-I_{b2}\times R_2=I_{IO}\times R_2$,所以,在两者共同作用下的输出电压为

$$V_{O2}=(1+R_F/R_1)(V_{IO}+I_{IO}\times R_2)=V_{O1}+(1+R_F/R_1)I_{IO}\times R_2$$

整理后即得输入失调电流为

$$I_{IO}=\frac{R_1}{R_2}\cdot\frac{V_{O2}-V_{O1}}{R_1+R_F}$$

为了使 $(V_{O2}-V_{O1})$ 足够大,以便于测试,$R_2(R_2')$ 的阻值不能大小。

④共模抑制比 K_{CMR}。

共模抑制比 K_{CMR} 在应用中是一个很重要的参数。理想运算放大器对输入的共模信号,其输出为零。但实际的集成运算放大器中,其输出不可能没有共模信号的成分。输出端共

模信号越小,说明电路的对称性越好,也就是说运算放大器对共模干扰信号的抑制能力越强,即 K_{CMR} 越大。

运算放大器差模电压放大倍数 A_{Vd} 与共模电压放大倍数 A_{VC} 之比称为共模抑制比 K_{CMR},即

$$K_{CMR} = \frac{A_{Vd}}{A_{VC}}$$

用分贝表示,则　$K_{CMR} = 20 \lg \frac{A_{Vd}}{A_{VC}} dB$

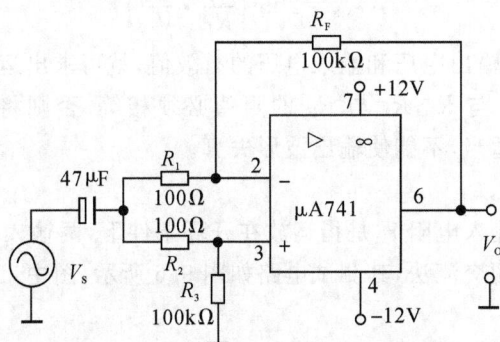

图 9-5　共模抑制比测试电路

图 9-5 是测试共模抑制比的简单电路。运放接成闭环状态,低频信号源 V_S 在运放电路的中频范围内。由图可写出下列方程:

$$\frac{V_S - V_N}{R_1} = \frac{V_N - V_O}{R_F}$$

故

$$V_N = \frac{R_F V_S + R_1 V_O}{R_1 + R_F}$$

当 $R_2 = R_1$, $R_3 = R_F$ 时

$$V_P = \frac{R_3}{R_2 + R_3} V_S = \frac{R_F}{R_1 + R_F} V_S$$

而同相输入端和反相输入端上的共模输入电压 V_{IC} 为

$$V_{IC} = \frac{1}{2} (V_P + V_N)$$

差模输入电压 V_{ID} 为

$$V_{ID} = V_P - V_N$$

则输出电压 V_O 为

$$V_O = \frac{V_P + V_N +}{2} A_{VC} + (V_P - V_N) A_{Vd}$$

将 $V_N V_P$ 代入 V_O 式中,整理得

$$V_O = \frac{1}{2} \frac{R_1}{R_1 + R_F} V_O (A_{VC} - 2 A_{Vd}) + \frac{R_F}{R_1 + R_F} V_S A_{VC}$$

通常,满足下列近似条件:

$$A_{Vd} \gg A_{VC}; \quad \frac{R_1}{R_1+R_F}A_{Vd} \gg 1$$

则有

$$\frac{R_1}{R_1+R_F}V_O A_{Vd} \approx \frac{R_F}{R_1+R_F}V_S A_{VC}$$

共模抑制比为

$$K_{CMR} = \frac{A_{Vd}}{A_{VC}} \approx \frac{R_F}{R_1} \cdot \frac{V_S}{V_O}$$

用分贝表示为

$$K_{CMR} = 20\lg\left(\frac{R_F}{R_1} \cdot \frac{V_S}{V_O}\right)$$

此式表示:只要测出输出电压和输入电压的有效值,就可求出运放的共模抑制比。

为保证测试精度,R_1 与 R_2,R_3 与 R_F 的阻值必须相等,否则将造成较大的测试误差。输入信号源的电压大小适当,不能使输出波形失真。

⑤差模输入电阻 r_{id}。

运算放大器的差模输入电阻 r_{id} 是指运放在开环条件下,两输入端之间的等效电阻。测量输入电阻一般采用低频交流法,其测试电路如图 9-6 所示,图中,运放工作在直流闭环、交流开环状态。

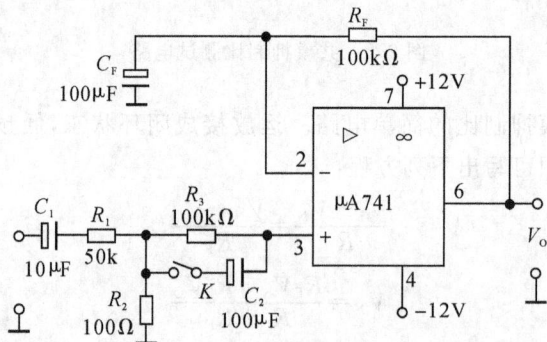

图 9-6　差模输入、输出电阻测试

测试时,先闭合开关 K,R_3 被交流短路,调节 V_S 的大小,使 V_O 波形不失真,此时的输出电压为 V_{O1}。然后,保持 V_S 不变,断开开关 K,相应的输出电压为 V_{O2}。只要测出 V_{O1}、V_{O2},即可求出差模输入电阻

$$r_{id} = \frac{V_{O2}}{V_{O1}-V_{O2}}R_3$$

⑥输出电阻 r_o。

输出电阻是指在开环条件下,从运放输出端和地端之间看进去的等效电阻,电路其测量方法仍可采用图 9-6 电路,只需将开关 K 合上。由于 $R_F \gg r_o$,可近似认为运放工作在交流开环状态。利用外接负载 R_L 的方法测试 r_o,即当 R_L 未接入时,测出其开路电压为 V_{OC},保持 V_S 不变而接入 R_L 后再测此时输出电压为 V_{OL},则

$$r_O = \frac{V_{O\infty}-V_{OL}}{V_{OL}}R_L$$

适当调节信号源 V_S 的电压值(应保证输出波形不失真)和 R_L 的大小(为减小测量误差,一般取 $R_L \approx r_o$)。

三、实验内容和步骤

集成运放 $\mu A741$ 的特性测试步骤如下:

1. 开环电压增益 A_{VO} 的测试(原理图见图9-3)

接 $\pm 12V$ 电源,输入端加 $f \leqslant 100Hz$、幅值约为 $30 \sim 50mV$ 的信号,用示波器观察输出波形,在不失真条件下,用毫伏表测 V_S 和 V_O,计算 A_{VO}。

2. 输入失调电压 V_{IO} 的测试(原理图见图9-4)

①为提高测试精度,电路元件在接入电路前应进行测量,尽量以对称的数值接入电路,如 R_2 和 R_2'。

②闭合开关 K_1、K_2,用万用表测量出电压 V_{O1},代入公式,即可求出输入失调电压 V_{IO}。

3. 输入失调电流 I_{IO} 的测试(原理图见图9-4)

①先将开关 K_1、K_2 闭合,按步骤2测出 V_{O1},记录之。

②再将开关 K_1、K_2 断开,用万用表测出此时的输出电压 V_{IO},记录之。

③将 V_{O2}、V_{O2} 的电压值代入公式,即可求出输入失调电流 I_{IO} 值。

4. 共模抑制比调 K_{CMR} 的测试(原理图见图9-5)

加入 $f=100Hz$,$V_s=1 \sim 2V$ 的正弦信号,用毫伏表测 V_S、V_O,计算 K_{CMR}。此进放大器的输出 V_O 电压会小于其输入电压 V_S。

*5. 差模输入电阻 r_{id} 的测试(原理图见图9-6)

先将开关 K 闭合,输入端加 $f=100Hz$,$V=1 \sim 2V$ 的正弦信号,调节 V_S,直到用示波器观察输出波形不失真为止,测输出电压 V_{O1};再将开关 K 断开,保持 V_S 不变,测出此时的 V_{O2},计算 r_{id}。

*6. 输出电阻 r_o 的测试(原理图见图9-6)

输入信号及测试电路同上,只是将开关 K 闭合。先外接 $R_L=100\Omega$,测出 V_{OL},再使 R_L 开路,测出 V_{OC},求出 r_o。

注意:电路结构排列有序,电路连接线要短而整齐,以尽量减少干扰。

四、实验器材

1. MES系列模拟电子电路实验系统　　　　　　　1台
2. 直流稳压电源　　　　　　　　　　　　　　　1台
3. DF1642B信号发生器　　　　　　　　　　　　1台
4. GOS-6021示波器　　　　　　　　　　　　　　1台
5. DF2173B晶体管毫伏表　　　　　　　　　　　1只
6. 数字万用表　　　　　　　　　　　　　　　　1块
7. 元器件:

　　电阻:10kΩ　　　　　　　　　　　　　　　4只
　　　　　100Ω,51kΩ,100kΩ,200kΩ　　　　　各2只
　　　　　51Ω　　　　　　　　　　　　　　　　1只

电容:$100\mu F$,$1000\mu F$	各2只
$\quad\quad$ $47\mu F$,$100\mu F$	各1只
集成运放,$\mu A741$	1只

五、预习要求

1. 预习本实验原理中 $\mu A741$ 的内容,以及各主要参数的定义、测试原理及测试方法。
2. 熟悉实验板及测试线路。

六、实验报告要求

1. 画出所测参数的测量电路,简述测量步骤。
2. 整理实验数据,列表比较 $\mu A741$ 主要参数的实测值和技术指标值。
3. 对实验结果及实验中所发现的问题进行分析和讨论。

附:电位器结构

电位器是一种连续可调的电阻器,由电阻体、两个固定接点、一个动接点组成。

电位器分线绕和非线绕两类。线绕电位器由电阻丝绕在环状骨架上制成;非线绕电位器常用的有碳膜和实芯两种。碳膜电位器的电阻体是在绝缘板上涂一层碳膜而成;实芯电位器是用有机或无机粘合剂将碳质导电材料加填充料边引出端压在绝绝缘基体上,并经热聚合或烧结而成。

电位器的典型结构及外形图如下:

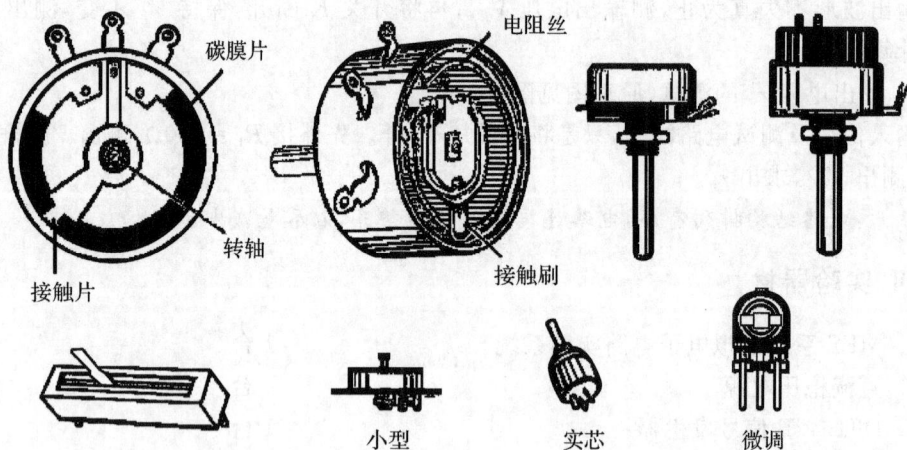

碳膜片　电阻丝

转轴

接触片　接触刷

小型　实芯　微调

实验十 RC正弦波振荡电路

一、实验目的

1. 进一步理解文氏电桥式 RC 振荡器的工件原理,研究负反馈的强度对振荡波形及频率的影响。

2. 学习用示波器测量正弦波振荡器的频率的方法。

二、实验原理及参考电路

文氏电桥振荡器如图 10-1 所示,由文氏滤波电路和放大电路两部分组成。本实验所用放大电路由运算放大器构成负反馈同相放大电路,放大倍数由负反馈支路元件参数调节,一般控制在 3 倍左右;RC 元件组成文氏选频网络,构成正反馈支路,其输入、输出关系为

$$\dot{F}_u = \frac{\dot{V}_P}{\dot{V}_3} = \frac{1}{3+j\left(\dfrac{\omega}{\omega_0}-\dfrac{\omega_0}{\omega}\right)}$$

振荡频率 $\omega_0 = 1/RC$,V_P 是选频网络的输出电压,V_o 是放大器的输出电压。当 $\omega = \omega_0$ 时,反馈系数为

$$\dot{F}_u = \frac{1}{3}$$

此时,相移为 $\varphi_f = 0°$

RC 选频网络的频率特性如图 10-2 所示。

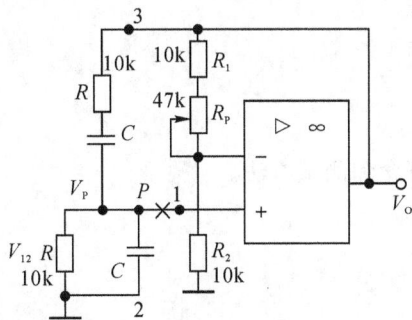

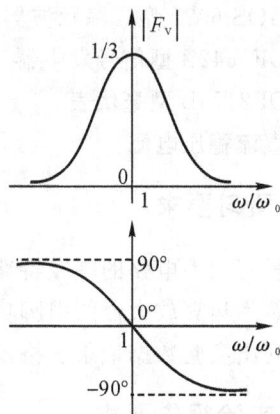

图 10-1 文氏振荡器   图 10-2 文氏网络频率特性

三、实验内容及步骤

1. 按图 10-1 所示电路连接线路,电容 C 的容量取 $0.01\mu F$ 或 $0.1\mu F$。注意:运算放大

器的输出端不能碰触三条电源线。经检查无误后接通电源,用示波器观察输出端波形。

2.调节 R_P,使输出波形基本不失真时,分别测出输出电压 V_O 和放大器输入电压 V_P。计算其放大倍数 A_v 和反馈系数 k_v。

3.用信号源的测量频率功能档,测量振荡器的振荡频率 f_0,或者直接从示波器屏幕上读出频率值。

4.测量开环幅频特性和相频特性

所谓开环,就是将振荡电路图 10-1 中的文氏电路正反馈网络与运算放大器输入端断开(如断在 P 点),使之成为选频放大器。

(1)测量选频放大器的幅频特性

在图 10-1 中的断点处输入信号 V_{12}(其幅值略小于步骤"2"所测得的 V_P 值)。改变输入信号频率,分别测量相应的信号电压 V_P 值,并记录在表 10-1 中。

(2)测量选频放大器的相频特性

在测量幅频特性的同时,用双踪示波器观察 v_O 与 v_P 的相位差,并记录表 10-1 中。测量中注意相位的超前与滞后的关系。

> 接通环路
> 使电路基本
> 不失真振荡

> 拆散环路,
> 外输入模拟
> 信号测试

表 10-1　幅频与相频关系

V_{12} 的频率(Hz)			f_0			
V_P 值						
V_O 超前 V_P 的相位						

四、实验器材

1. YL-1B 型实验板　　　　　　　一块
2. GOS-6021 型二踪示波器　　　一台
3. DF1642B 型信号发生器　　　　一台
4. DF2173B 型毫伏表　　　　　　一台
5. 直流稳压电源　　　　　　　　一台

五、预习要求

1. 复习放大电路的幅频特性和相频特性概念和测试方法。
2. 熟悉运算放大器的引脚功能。
3. 列出实验数据记录表格。

六、实验报告要求

1. 将测得的电路振荡频率与理论计算值相比较,分析产生误差原因。
2. 用半对数坐标画出带选频网络的放大器开环幅频特性和相频特性曲线,验证正弦波振荡器的振荡条件。

实验十一　三角波—方波振荡电路

一、实验目的

1. 理解线性三角波振荡电路的工件原理,拓展对电路类型的了解。
2. 学习用示波器测量振荡信号的频率等参数的方法。

二、实验原理及参考电路

目前波形产生方法有很多类型,波形产生电路也有多种结构,从信号形成的方式上可分为函数信号发生器、频率全成器二大类。函数信号发生器的信号又有许多类型,基本的如正弦波发生器、三角波发生器、锯齿波发生器、方波发生器、阶梯波发生器等,是至今应用最广的信号类型,其中三角波振荡电路是函数信号发生器的基础,有许多波形可从三角波转化而来。

本实验所用电路就是函数信号产生电路中的一种,在器件频率特性允许的情况下,这一电路能产生线性度良好的三角波信号。

实验用三角波—方波振荡电路如图 11-1 所示,由两只运算放大器 IC_1、IC_2 组成,运算放大器 IC_1 输出三角波信号 V_{O1},运算放大器 IC_2 输出方波信号 V_{O2}。

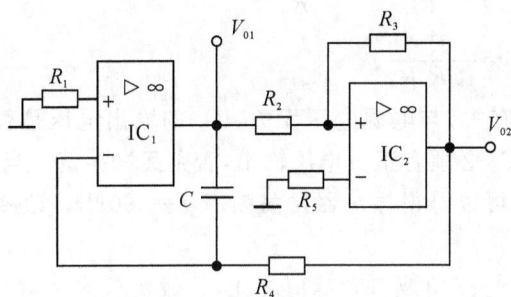

图 11-1　线性三角波—方波振荡电路　　　　　图 11-2　RC 充放电路径

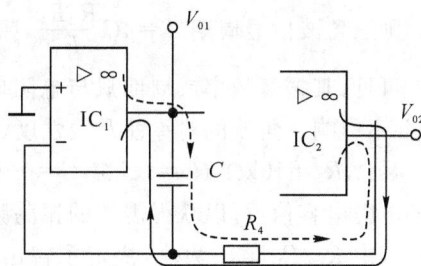

电路工作原理:

运算放大器采用正负电源供电。两个运算放大器中各有一个输入端通过电阻接地,根据运算放大器输入端电位基本相等的特点,运放 IC_1 反相输入端的电位始终为 0V,运放 IC_2 同相输入端的电位也为 0V,且几乎无输入电流。

当 IC_2 的输出端呈高电平 V_{O2+} 时,电阻 R_4 上产生向左的电流 $I_{左}$,$I_{左} = V_{O2+}/R_4$,如图 11-2 中虚线所示,因 V_{O2+} 值恒定,此电流 $I_{左}$ 大小恒定不变,电容上电压线性增加。此时 IC_1 输出端的电位 V_{O1} 下降,为负值,IC_2 同相输入端的电位也跟着下降,直至 IC_2 同相输入端的电位达到 0V,即

$$\frac{R_2}{R_2+R_3}(\,|V_{O2}|+|V_{O1}|\,)-|V_{O1}|=0(\text{V})$$

IC$_2$ 输出端的电位极性发生翻转,变成负电位,完成三角波信号的波形下降阶段。

从 IC$_2$ 的输出端呈负电平 V_{O2-} 开始,电阻 R_4 上产生向右的电流 $I_右$,$I_右 = V_{O2-}/R_4$,如图 11-2 中虚线所示,因 V_{O2-} 值恒定,此电流 $I_右$ 大小恒定不变,电容上电压值先是线性下降,再接着反向增加。此时 IC$_1$ 输出端的电位 V_{O1} 上升,成为正电位,IC$_2$ 同相输入端的电位也跟着上升,直至 IC$_2$ 同相输入端的电位达到 0 V,同样有关系式:

$$\frac{R_2}{R_2+R_3}(|V_{O2}|+|V_{O1}|)-|V_{O1}|=0(V)$$

IC$_2$ 输出端的电位极性发生翻转,变成正电位,完成三角波信号的波形上升阶段。

由此可以看出,输出三角波在某一瞬间的电压就是电容上的电压,因为对电容是进行恒流充放电,因此,输出的三角波具有很能好的线性度。电容的充电与放电电路自身进行不断地调整,由此产生振荡。

电路工作频率的确定:

三角波的峰值用 V_{o1m} 表示。根据电压比较器达到电位翻转的条件式,可以得到:

$$\frac{R_2}{R_2+R_3}|V_{O2}|=\left(1-\frac{R_2}{R_2+R_3}\right)|V_{o1m}|$$

$$V_{o1m}=\frac{R_2}{R_3}|V_{O2}|$$

经电阻 R_4 对电容 C 充放电过程中,从电压波形的负峰到正峰或从正峰到负峰的单向充放电时间为:

$$It=2V_{o1m}C,\quad 即 \quad t=\frac{2C}{I}\times\frac{R_2}{R_3}V_{O2}=\frac{2R_2R_4C}{R_3}$$

则三角波信号周期 $T=4C\dfrac{R_2R_4}{R_3}$,频率 $f=\dfrac{R_3}{4CR_2R_4}$。

可见,其振荡频率或周期只与电阻电容有关,与电源电压无关,IC$_2$ 的输出电压是否对称,并不影响三角波的对称性及线性度,但 IC$_2$ 必须有正负电压输出,否则无法振荡。当 $R_2 = 5.1\text{k}\Omega$,$R_3 = 10\text{k}\Omega$,$R_4 = 10\text{k}\Omega$,$C = 0.1\mu\text{F}$,可以算得振荡器振荡频率 $f = 490\text{Hz}$。改变相关的电阻电容值,可以获得需要的振荡频率。

其中 R_3/R_2 值的大小,决定了输出方波与三角波二者峰值之比,一般要求 $R_2 < R_3$,使三角波的峰值小于方波,以保证三角波的顶部不失真。

其他电阻的取值:$R_1 = 10\text{k}\Omega$,$R_5 = 5.1\text{k}\Omega$。

使用器件说明:

当提高电路振荡频率时,要求运算放大器有足够宽的频率带宽,否则会引起失真或降低线性度。如取用 NE5532 等宽带运放,其振荡频率可以达到几百千赫兹。由于实验器材关系,本实验仍选用 μA741 运算放大器,但振荡频率不宜过高。

当使用电压比较器实现时,电压比较器的输出端须要通过上拉电阻提升电位,电路要增加二个电阻 R_B、R_C,这样,就难以保证充电时间与放电时间相等,因此只能输出锯齿波和矩形脉冲信号。当器件的工作速度较低时,还会器件对信号的传输延迟而出现积分电路输入端的电位跃变,这时应将电路改为如图 11-3 所示的结构,在积分电容的反馈端增加一个延时电容。当然,该振荡器的工作频率不可能很高,适合于低速工作。

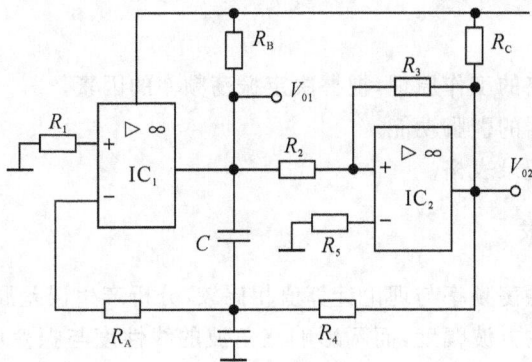

图 11-3　线性三角波一方波振荡改进电路

三、实验内容及步骤

1. 按图 11-1 所示电路连接线路,采用正负双源供电,电阻 R_2 用 $10\text{k}\Omega$ 电位器调整后接入,电容 C 的容量取 $0.1\mu\text{F}$,运算放大器的供电电压取为 $\pm 12\text{V}$ 或 $\pm 15\text{V}$。经检查无误后接通电源。注意:运算放大器的输出端不能碰触三条电源线。

用示波器的双踪功能观察二个运算放大器输出端的电压波形,比对它们的相位,作好波形记录。同时,从示波器上读出它们的周期、幅度值。

2. 用信号源的测量频率功能档,测量振荡器的振荡频率 f_0,与示波器上读得的数值进行比较。

3. 改变振荡频率,观察效果:

改变振荡元件 R_2、R_3、R_4、C 的参数,可以改变其振荡频率,记录在表 11-1 中。当改变 R_2、R_3 的阻值时,观察三角波与方波的幅度变化情况。

> 如何改变振荡频率?

表 11-1　元件 R_2、R_3、R_4、C 参数与频率的关系

$R_2=5.1\text{k}\Omega$ $R_3=10\text{k}\Omega$	R_4			
	$10\text{k}\Omega$	$20\text{k}\Omega$	$30\text{k}\Omega$	$100\text{k}\Omega$
C　$0.1\mu\text{F}$				
$0.2\mu\text{F}$				
R_5 增大		$\text{k}\Omega$　$\rightarrow$		$\text{k}\Omega$
频率		$\rightarrow$		
三角波幅度		$\rightarrow$		

四、实验器材

1. YL-1B 型实验板　　　　　　一块
2. GOS-6021 型二踪示波器　　一台
3. DF1642B 型信号发生器　　　一台
4. DF2173B 型毫伏表　　　　　一台
5. 直流稳压电源　　　　　　　一台

五、预习要求

1. 预习该振荡电路的工作原理,把握决定振荡频率的因素。
2. 熟悉运算放大器的引脚功能。
3. 列出实验数据记录表格。

六、实验报告要求

1. 将测得的电路振荡频率与理论计算值相比较,分析产生误差原因。
2. 若要改变输出的方波幅度,而不影响三角波的线性度与振荡频率,电路应该作怎么样改动,画出电路原理图。

七、思考题

1. 振荡电路输出的三角波的线性度是如何得到保证的?
2. 在该实验电路中,如果改为单电源供电,电路需要做哪些改正?

实验十二　串联型直流稳压电路

一、实验目的

1. 掌握晶体管直流稳压电源的调试方法。
2. 学习串联稳压电路技术指标的测量方法。
3. 熟悉集成稳压器的使用。

二、实验原理及参考电路

图 12-1 为典型的串联型直流稳压电源,图 12-2 是由集成稳压器构成的直流稳压电源。它们包括变压、整流、滤波、稳压四个部分,其中稳压部分有四个环节:调整环节、基准电压、比较放大和取样电路。图中虚线所绘部分是过流保护电路,BX 是保险丝。

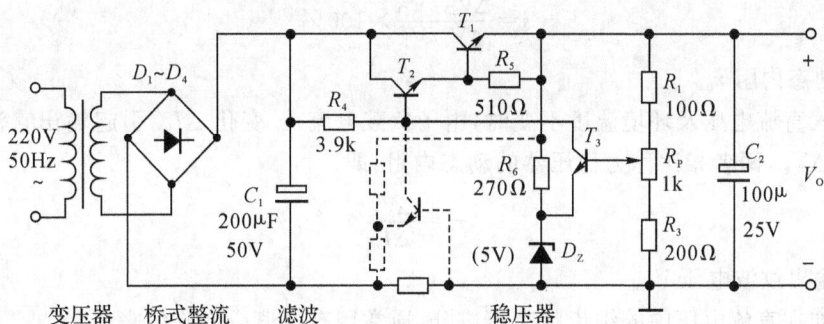

图 12-1　稳压电路之一

整流器的任务是将交流变换成脉动直流;滤波电路的任务是将脉动直流变换成比较平稳的直流;稳压器的任务是稳定输出电压。三者各自有特定的作用。

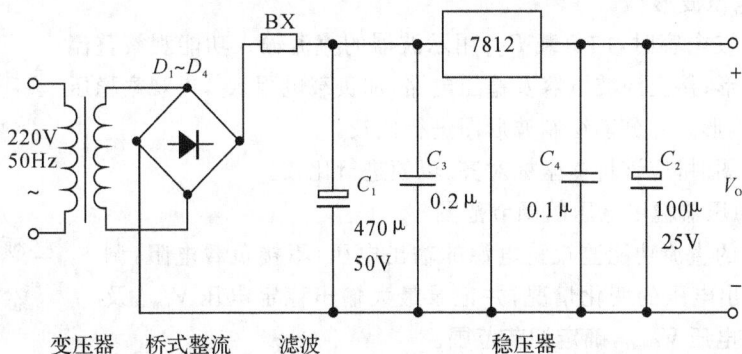

图 12-2　稳压电路之二

当电网电压或负载变动引起输出电压 V_o 变化时,取样电路取输出电压 V_o 的一部分变化的电压送比较放大器与基准电压进行比较,产生误差电压经放大后去控制调整管的基极电流,自动地改变调整管的集射间电压,补偿 V_O 的变化,以维持输出电压基本不变。

稳压电源的主要指标

1. 特性指标

(1) 输出电流 I_L(指额定负载电流)。

(2) $V_{Omin} = \dfrac{R_1 + R_2 + R_P}{R_2 + R_P}(Vz + V_{BE})$ $\qquad$ $V_{Omax} = \dfrac{R_1 + R_2 + R_P}{R_2}(Vz + V_{BE})$ 输出电压 V_O 和输出电压调节范围。

以上公式只适用于稳压前有足够高电压输入的情况,如希望稳压后获得 15V 电压,则稳压前的电压必须在 18V 以上。

2. 质量指标

(1) 稳压系数 s

当负载和环境温度不变时,输出直流电压的相对变化量与输入直流电压的相对变化量之比定义为 s,即

$$s = \frac{\Delta V_O / V_O}{\Delta V_i / V_i} \times 100\% \qquad (12-1)$$

(2) 动态内阻 r_o。

在输入直流电压及环境温度不变时,由于负载电流 I_L 变化 ΔI_L,引起输出直流电压 V_O 相应变化 ΔV_O,两者相比称为稳压器的动态内阻,即

$$r_o = \frac{\Delta V_O}{\Delta I_L} \qquad (12-2)$$

(3) 输出纹波电压 V_{orip}

指迭加在直流电压中的锯齿状交流成分,通常用有效值或峰峰值来表示。

三、实验内容及步骤

(一) 由分立元件组成的稳压电源

1. 按实验原理图 12-1 连接线路。经检查无误后接通电源。

2. 观察电压波形

在不接滤波电容时,加负载 R_L,用示波器的直流输入功能观察整流前后的电压波形;接上滤波电容及稳压电路,加负载电阻 R_L,再观察稳压前、后的电压波形。并分别绘制波形图进行比较。

> 比较电压波形关系!

绘制波形图时,应该将横坐标对齐,以便进行比较。

3. 测量稳压器输出电压的调节范围

用示波器的直流功能监视稳电源的输出电压,不接负载电阻,调节 R_P,测量输出电压的变化情况,并记录最大输出稳定电压 V_{Omax} 及最小输出稳定电压 V_{Omax},确定调节范围。

> 必须在稳压状态下观察

注意:最大输出稳定电压 V_{Omax} 是指在稳压状态下的最大值。必须用示波器直流功能监视稳压电源的电压输出波形,应该是一条直线。若出现了波动成分,说明已经脱离稳压区域。

4. 测量动态内阻 r_o。

空载时调节 R_P，使输出电压 V_O 为 10V，然后接上负载电阻 R_L，改变 R_L 阻值，用数字万用表测量相应的输出电压 V_O，记入表 12-1 中。再根据式 12-2 计算出动态电阻 r_o。

> 改变负载电阻，
> 输出电压改变否？

表 12-1　输出电压随负载变化关系

$R_L(\Omega)$	∞				
$V_O(V)$					
$I_L = V_O/R_L$					

5. 测量稳压系数

确定负载电阻值（如 100Ω），以 220V 输入为基准，调节调压变压器降低输入电压值，测量变压器输出电压和稳压源输出电压间关系，记录在表 12-2 中。

> 改变输入电压，
> 输出电压改变否？

表 12-1　输入、输出电压相对变化关系

$V_i(V)$					
$V_O(V)$					
s					

6. 测量纹波电压

把输出电压 V_O 调到 10V，负载电流约为 0.1A，用示波器交流输入功能测量输出端的纹波电压值峰峰值，或者晶体管毫伏表测量输出端的纹波电压值有效值。改变负载电流的大小，观察对纹波电压的影响。

> 仔细观察输出电压
> 中的微小波动

（二）三端集成稳压器实验

1. 在实验箱中找到集成稳压器实验电路，按图 12-2 所示进行连接。

2. 测量开路输出电压 V_O。

3. 改变 R_L 值，测出相应的 V_O 和 I_L 值，根据 V_O 与 I_L 的关系，作出此电源的外特性曲线。

4. 测量稳压系数

连接 100Ω 负载电阻值，以 220V 输入为基准，调节调压变压器降低输入电压值，测量变压器输出电压和稳压源输出电压间关系。

注意：电源的负载应使用大功率电阻。

四、实验器材

1. YL-1C 型实验板　　　　　　　一块
2. GOS-6021 型二踪示波器　　　一台
3. DF2173B 毫伏表　　　　　　　一台
4. 数字万用表　　　　　　　　　一只

5. 电源变压器及负载电阻　　　　　一组
6. 调压变压器　　　　　　　　　　一只

五、预习要求

1. 复习串联型稳压电源工作原理,了解指标的物理意义。
2. 了解电路的调整步骤和指标的测量方法。计算输出电压调节范围。
3. 列出实验数据记录表格及若干坐标。

六、实验报告要求

1. 绘制整流前后的波形图及稳压前后的波形图。
2. 整理数据,将测到的输出电压调整范围与理论计算值比较,分析差异原因。求出动态内阻、纹波电压值,绘制电源外特性曲线。

第二部分 设计性实验

实验十三 晶体三极管放大电路

晶体三极管作为电子电路的元件之一,全面了解其性能对我们设计电子电路会有很大帮助。前面已经介绍了两个由晶体三极管组成的放大电路,对三极管放大电路的工作规律已经有所了解,在此基础上,要求同学们自己根据目标设计简单放大电路,并对设计效果进行验证。

一、实验目的

1. 学会按照给定目标,自行设计实验电路、实验步骤及方法,并对所设计的电路进行测试,考察效果。

2. 进一步熟悉晶体三极管器件及其放大电路的性能。

二、实验任务

由晶体三极管组成电压放大能力约为 10 倍的放大电路,可适用于音频范围,其低端截止频率截止要求达到 10Hz,高端截止频率不作人为设置。放大电路的输出阻抗约为 $5k\Omega$,输出信号动态范围尽量大。

三、预习报告要求

实验前,设计出相应的实验电路,绘出电原理图,计算各元件参数,参与前述实验项目,写明"实验原理"、"实验步骤"、计划使用的"实验器材",列出数据记录表。

四、实验报告要求

有完整的实验目的、实验数据原始记录、实验结果的分析和结论。

五、参考器件及参考电路

三极管:C9011,C9012。实验装置 YL-1A 型实验板、YL-1B 型实验板。

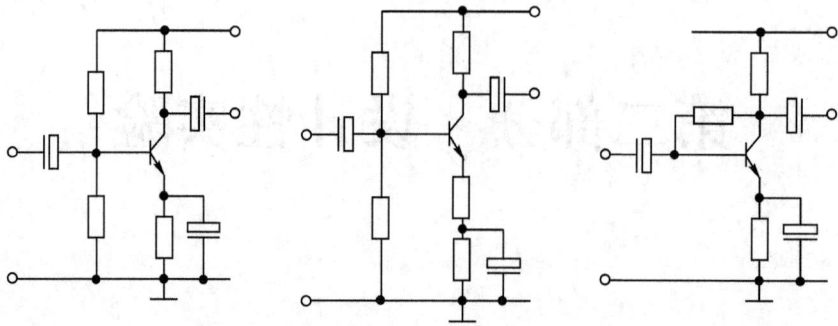

图 13-1　三极管电压放大电路

实验十四 场效应管放大电路

由于场效应管的工作原理简单,性能相对优越,目前其应用日趋广泛。因此熟悉场效应管的使用特点,具有较高的实用意义。本实验作为设计性实验,要求同学根据要求,参照以前所做的实验过程,务必在实验之前完成与本实验有关的预习与设计任务。

一、实验目的

1. 会按照一定的要求,自行设计实验步骤及方法,并进行测试,考察效果。
2. 熟悉场效应管器件及其放大电路的性能。

二、实验任务

常用的场效应管有结型场效管和 MOS 型场效应管,其使用方法应视场效应管的性能而言。

由场效应管分别组成漏极输出器和源极输出器,弄清其电路的组成,目的在于了解场效应管转移特性、输出特性、电压增益;输入、输出的电压波形关系。

三、预习报告要求

设计报告请写明"实验原理"、"实验步骤"、"实验器材",绘出实验电路图,做好有关数据的记录。实验结束说明影响源极、漏极输出器电压增益的因数。

注意:为了减少干扰,设计时应减小输入电阻。

四、参考器件及其重要性能指标

常用向场效应管列于表中,其引用却排列如图所示,实验中建议使用小功率管。

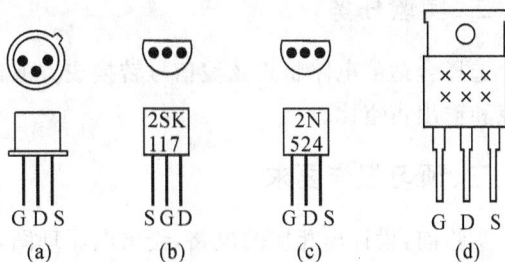

型号	类型	V_{ON} /V	V_P /V	R_{ON} /Ω	I_{Dmax} /A	V_{DSmax} /V	C_{GS} /pF	外形图
3DJ6F	结型 N 沟道		<$\|-9\|$		2m	20	5	(a)
3DJ7F	结型 N 沟道		<$\|-9\|$		2m	20	8	(a)
2SK117	结型 N 沟道		<$\|-0.6\|$		2m	50		(b)
2N524	结型 N 沟道		<$\|-1.0\|$		3m	50		(c)
2N7000	N 沟道增强型	>1.5		5	0.2	60	80	(b)
2SK1117	N 沟道增强型	>3.5		1.25	6	600	1700	(d)
IRFZ44N	N 沟道增强型	>3.5		0.028	35	60	2000	(d)
RFP40P06	P 沟道增强型	>3.5		0.05	40	60	3800	(d)

实验十五　正弦信号—方波信号转换电路

　　信号形式的转换是一项常用的技术。函数信号发生器就是将方波信号转换成三角波信号，再将三角波信号转换成正弦波信号。反过来，将正弦波信号转换成方波信号的方法比较简单，一般采用电压比较的方式，有多种电路可以实现。电压比较电路通常有零值比较器、任意值比较器、迟滞比较器、窗口比较器等，如图 15-1 所示。

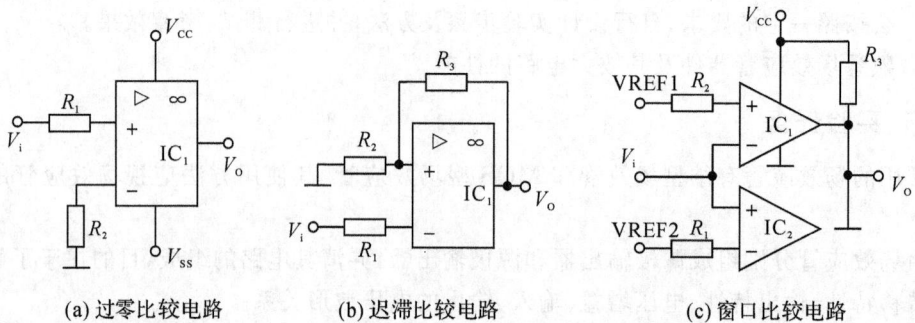

(a) 过零比较电路　　　　(b) 迟滞比较电路　　　　(c) 窗口比较电路

图 15-1　各种电压比较电路

一、实验目的

1. 熟悉电压比较器，熟悉从正弦波到方波的转换技术。
2. 掌握对电路参数、工作状态的测量程序。

二、实验任务

　　选择合适的电路将正弦波信号转换成方波信号，从输入、输出波比较中考察波形转换的特点和输出占空比。

三、预习报告要求

　　实验前，设计出相应的电路，绘出电原理图，写明"实验原理"、"实验步骤"、计划使用的"实验器材"，列出数据记录表。

四、实验报告要求

　　有完整的实验目的、实验数据原始记录、实验结果的分析和结论。

五、参考器件及材料

　　集成电路：HA741，LM393，NE5532。面包板，YL-1B 型实验板。

实验十六　有源滤波器

在实际的电子系统中,输入信号往往包含有一些不需要的频率成分,必须设法将它衰减到足够小的程度,或者把有用信号挑选出来。为此目的所采用的电路称为滤波器。滤波器有一种选频电路,它是一种子能使有用信号通过,而同时抑制无用频率信号的电子装置。这里所述的是由运放和 R、C 等组成的有源模拟滤波器,目前,它在音响线路等低频电路中应用较广。

最基本的 RC 有源模拟滤波器是一阶和二阶有源滤波器,它们的滤波效率有所不同。一阶有源滤波器只能以 -20dB/十倍频程的斜率衰减;二阶有源滤波器可以按 -40dB/十倍频程的斜率衰减。

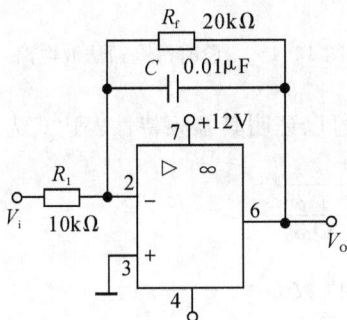

图 16-1　一阶低通电路　　　　　　　图 16-2　一阶高通电路

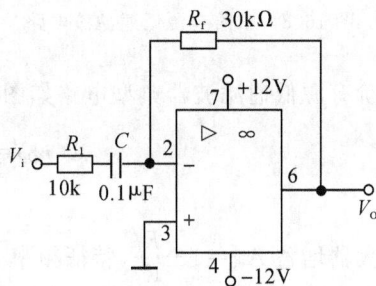

1. 一阶有源低通滤波器

一阶有源低通滤波器电路如图 16-1 所示。可以证明其频频率函数表达式为

$$A(j\omega) = \frac{R_f}{R_1} \cdot \frac{1}{1 + j\omega R_f C}$$

其中当　　　　　$\omega = \omega_0 = \dfrac{1}{R_f C}$

$A(j\omega) = 0.7 A(0)$,即 $A(j\omega)/A(0) = -3\text{dB}$,定 ω_0 为上限截止角频率,则上限截止频率为

$$f_{H1} = \frac{1}{2\pi R_f C}$$

2. 一阶有源高通滤波器

如果更换图 16-1 中的 C 位置,则可得到一阶有源高通滤波器电路,如图 16-2 所示。其输出电压增益为:

$$A(j\omega) = \frac{R_f}{R_1} \cdot \frac{1}{1 + \dfrac{1}{f\omega R_1 C}}$$

其下限截止频率为：

$$f_{L1} = \frac{1}{2\pi R_1 C}$$

3. 二阶有源低通滤波器

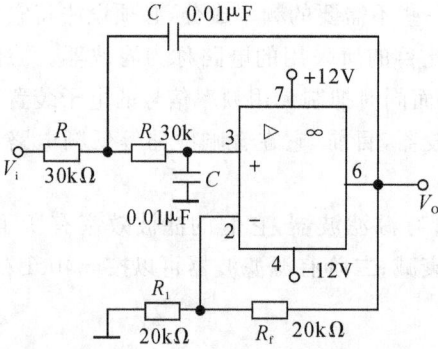

图 16-3　二阶有源低通滤波电路　　　　　图 16-4　二阶有源高通滤波电路

二阶有源低通滤波器典型电路如图 16-3 所示。可以证明其幅频特性表达式为

$$A(j\omega) = \frac{A_{vf}}{1 - (\frac{\omega}{\omega_0})^2 + j\frac{1}{Q}\frac{\omega}{\omega_0}}$$

式中放大器增益 $A_{vf} = 1 + \frac{R_f}{R_1}$，特征频率 $\omega_0 = \frac{1}{RC}$，品质因数 $Q = \frac{1}{3 - A_{vf}}$。

上式中特征角频率 $\omega_0 = \frac{1}{RC}$ 就是负 3 分贝截止角频率，一般定为上限截止角频率。因此，上限截止频率

$$f_{H2} = \frac{1}{2\pi RC}$$

通常取 $Q = 0.7$。当 Q 值增大时，频率在 ω_0 处的信号增益有提升作用。

4. 二阶有源高通滤波器

如果将图 16-3 中的 R 和 C 位置互换，则可得到二阶有源高通滤波器电路，如图 16-4 所示。其下限截止频率为：

$$f_{L2} = \frac{1}{2\pi RC}$$

5. 二阶有源带通滤波器

若选取某一段的频率，使用带通波波器。一种是宽带滤波器，由高通电路与低通电路联合组成；另一种是窄带滤波器，如图 16-5 所示的是二阶有源带通滤波电路，它的频响特性由下式决定：

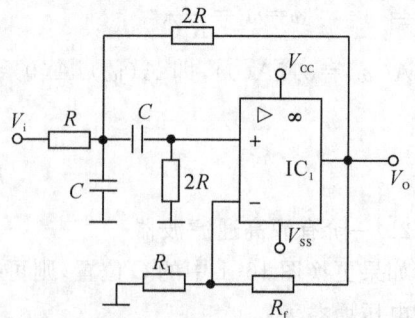

图 16-5　二阶有源带通滤波电路

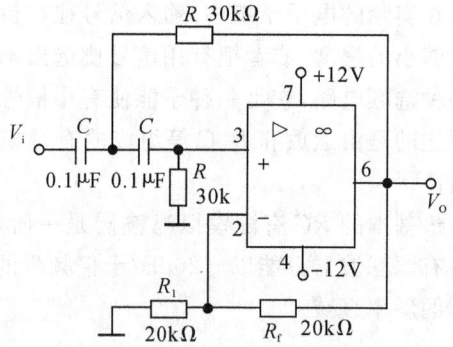

$$A(j\omega) = \frac{A_{vf}}{Q + j\left(\dfrac{\omega}{\omega_0} - \dfrac{\omega_0}{\omega}\right)}$$

其中品质因数 $Q = \dfrac{1}{3 - A_{vf}}$。

特征频率 $\omega_0 = \dfrac{1}{RC}$

一、实验目的

1. 熟悉运算放大器构成的有源滤波器。
2. 掌握有源滤波器的调试。

二、实验任务

选择两个合适的滤波电路,考察有源滤波器的幅频特性,绘制幅频响应曲线,找出 f_0 值。与理论值进行比较,分析误差原因。

三、预习报告要求

实验前,明确实验电路,绘出电原理图,并预先计算特征频率值。写出"实验原理"、"实验步骤"、计划使用的"实验器材",列出数据记录表。

四、实验报告要求

有完整的实验目的、实验数据原始记录,用表列出实验结果。以频率的对数为横坐标,电压增益的分贝数为纵坐标,在同一坐标上分别绘出三种滤波器的幅频特性。测试结果与理论值有一定差异的主要原因。

五、参考器件及材料

集成电路:HA741,LM393,NE5532。面包板,YL-1B 型实验板。

实验十七　　RC压控振荡电路

在实验十一中有一个三角波－方波振荡振荡电路,只要元件参数固定,它的振荡频率确定为 $f = R_3/4CR_2R_4$ 不变。若将这一电路做少量改变,构成如图 17-1 所示的电路,它将成为一个 RC 压控振荡电路,其振荡频率可以由电压 v_i 控制。目前压控振荡电路在频率自动控制电路中应用很广,通常所谓的压－频转换电路也类似于此方式工作。

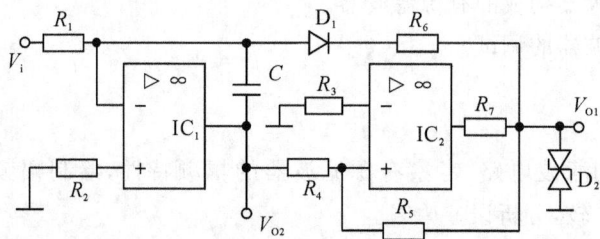

图 17-1　　RC 压控振荡原理电路

图 17-1 中,要求 $\dfrac{V_i}{R_1} < \dfrac{V_{O1}}{R_6}$,为了简单,常取 $R_6 = 0$。该电路的振荡频率为

$$f \approx \frac{R_5 (R_1 V_i V_z - R_6 V_i^2)}{2R_4 R_1^2 C V_z^2}$$

其中 V_z 是稳压二极管 D_2 的稳压值。该电路的工作原理可以参照实验十一中的电路自行分析。由电路工作原理可以分析出输出电压 V_{O1}、V_{O2} 的波形,实现三角波振荡应该具备的条件($2V_iR_6 = V_zR_1$)等。这一些结论都可以通过实验加以验证。

一、实验目的

1. 熟悉 RC 压控振荡器工作方式。
2. 掌握对电路参数、工作状态的测量程序。

二、实验实验任务

在理解电路工作原理的基础上,确定约为 1kHz 振荡频率对应的元件参数,测量电路的实际振荡频率与控制电压 V_i 的关系,验证 V_{O1}、V_{O2} 的波形和实现三角波振荡的条件。

三、预习报告要求

实验前,理解 RC 压控振荡电路的工作原理,写出"实验步骤"、计划使用的"实验器材",列出数据记录表。

四、实验报告要求

有完整的实验目的、实验数据原始记录、实验结果的分析和结论。

实验十八　最简型方波振荡电路

用模拟电路产生方波信号除了使用三角波－方波振荡电路之外,还可以用单个运算放大器实现,如图 18-1 所示。该电路由 R_1、R_2 组成正反馈网络,R_3 和 C 组成延迟负反馈网络。因为电路结构非常简单而得到广泛应用。它的振荡周期可以按照下式计算。

$$T = 2R_3 C \ln \left(1 + 2\frac{R_1}{R_2}\right)$$

一、实验目的

1. 熟悉该 RC 方波振荡器工作特点。
2. 掌握对电路参数、工作状态的测量程序。

二、实验实验任务

在理解电路工作原理的基础上,试确定约为 1kHz 振荡频率对应的元件参数,使用合适的电源供电,测量电路的实际振荡频率,与理论计算值进行比较,分析频率偏差产生的原因。

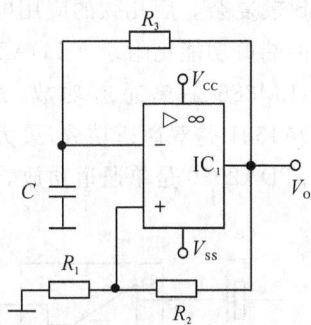

图 18-1　RC 方波振荡电路

三、预习报告要求

实验前,理解方波振荡电路的工作原理,写出"实验步骤"、计划使用的"实验器材",列出数据记录表,便于实验记录。

四、实验报告要求

有完整的实验目的、实验数据原始记录、实验结果的分析和结论。

五、参考器件及材料

集成电路:HA741,LM393,NE5532。面包板或 YL-1B 型实验板。

实验十九　集成功率放大器的应用

目前实用的线性音频功率放大器基本上都采用集成器件,或者是模块电路,很少采用分立元件制作。可代选用的音频功率集成器件较多,如 LA4100、TDA2822M、LM386、TDA1521、TDA2030 等。LA4100 是早期的器件,其应用电路在实验八中已有介绍,电路结构比较复杂。后几款的应用电路结构比较简单,分别见图 19-1,19-2、19-3、19-4 所示。各器件的端口功能见附录。TDA2822M 是双通道功放,最大输出功率为 1W,常用于耳机放大器;LM386 是单通道功放,最大输出功率为 0.6W,常用于收音机的音频功率放大;TDA1521 是双通道功放,最大输出功率为 12W×2,常用于计算机音响系统的音频功率放大;TDA2030 是单通道功放,最大输出功率为 20W,可用于普通的小功率音响系统。

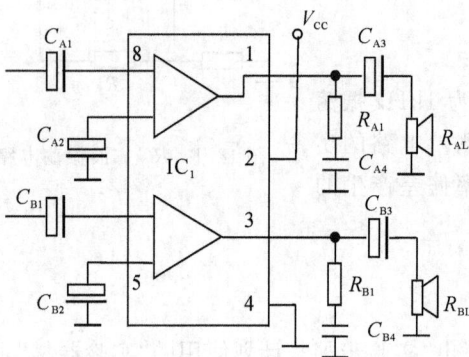

图 19-1　TDA2822M 典型应用电路　　　　　图 19-2　TDA3020 单电源应用电路

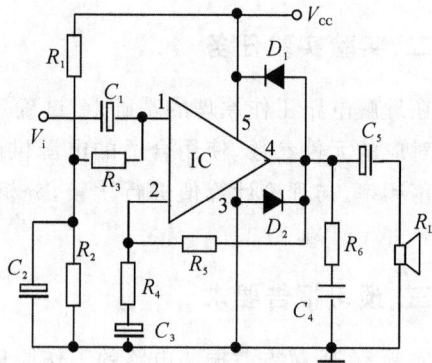

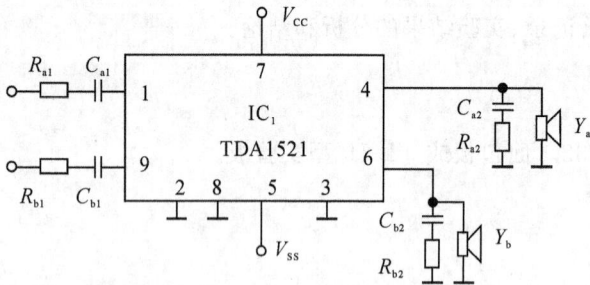

图 19-3　TDA1521 典型应用电路　　　　　图 19-4　LM386 应用电路

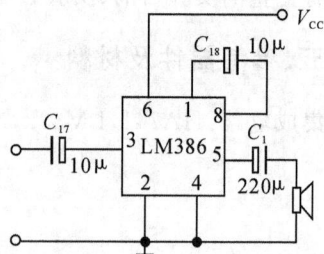

集成电路在使用中,所加电源电压等一些外部条件必须符合器件的指标要求。测量时,不宜长时间工作在大功率输出状态。

一、实验目的

1. 熟悉集成功率放大器的应用。
2. 掌握对电路参数、工作状态的测量方法。

二、实验实验任务

自行确定一款功率放大电路,在理解电路工作原理的基础上,确定各元件参数,测量电路的实际电压增益、幅频特性、最大不失真输出功率,并与理论计算值进行比较。

三、预习报告要求

实验前,理解功率放大电路的工作原理,在面包板上连接好所用实验电路。并在预习报告中写出"实验步骤"、计划使用的"实验器材",列出数据记录表。

四、实验报告要求

有完整的实验电路、实验目的、实验电路图、实验数据原始记录、实验结果的分析和结论。

五、参考器件及材料

集成电路:TDA2822M、LM386。
面包板。

实验二十　直流稳流源电路

通常用得比较多的是稳压源电路,它目的是向负载提供一个稳定的电压,但对于充电器一类,这一稳定电压就失去实用意义,需要的往往是一个稳定的电流。稳流源电路是与稳压源电路相对耦的一类电路,其目的是向负载提供一个稳定的电流,而输出电压可以随时改变。如果稳流源电路是从交流电网中获取电能,则前部的整流、滤波电路同一般的稳压电源,只是输出反馈方式有所区别。电路图 20-1 就是基本的直流稳流源电路

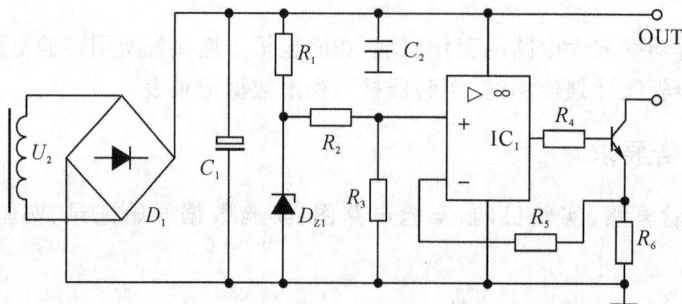

图 20-1　直流稳流源电路

一、实验目的

1. 熟悉基本直流稳流源电路的工作特点。
2. 会对电流源电路指标进行测量。

二、实验实验任务

参照图 20-1 电路,在输出电流允为 0.1A 时,确定对应的元件参数,测量稳流源电路的输出动态内阻、输出纹波电压、输入电压变化时对输出电流值的影响情况,与理论计算值进行比较。

三、预习报告要求

实验前,理解直流稳流源电路的工作原理,并确定:选用什么样的比较放大集成电路?若要使输出电流连续可变,应该改变什么元件参数?

写出"实验步骤"、计划使用的"实验器材",列出数据记录表。

四、实验报告要求

有完整的实验电路、实验步骤、实验数据原始记录、实验结果的分析和结论。

五、参考器件及材料

集成电路:HA741,LM393,NE5532。三极管:C2655

面包板,YL-1C 型实验板。

第三部分 综合性实验

实验二十一 小功率扩音器

一、实验目的

综合运用所学的电子电路知识,有效地对低频电压信号、电流信号进行处理。同时,使同学们熟悉另一种结构的运算放大器的应用、集成功率放大电路的结构性能及应用,了解更多的元器件性能指标,进一步掌握分析处理实用性电路的技术。

二、实验电路工作原理

扩音机电路是一个比较全面的模拟电子技术综合性应用电路。它从电源处理、小信号放大、功率放大、音调控制直至基本控制电路等,涵盖了模电中大部分单元电路。下面以TDA1521芯片为例介绍其应用,同学们也可以用其他功放芯片替换,形成新的应用电路。

TDA1521的性能指标较好,是一块高保真双声道集成功放电路,单列结构封装常用于计算机音响系统。其主要参数:$V_{CC\,max}=\pm20\mathrm{V}$,$P_{O\,max}=12\mathrm{W}\times2$,$f=20\mathrm{kHz}$,$R_L=8\Omega$,$R_i=14\mathrm{k}\Omega$,$THD=0.5\%$(谐波失真)。

1. TDA1521 的简单应用

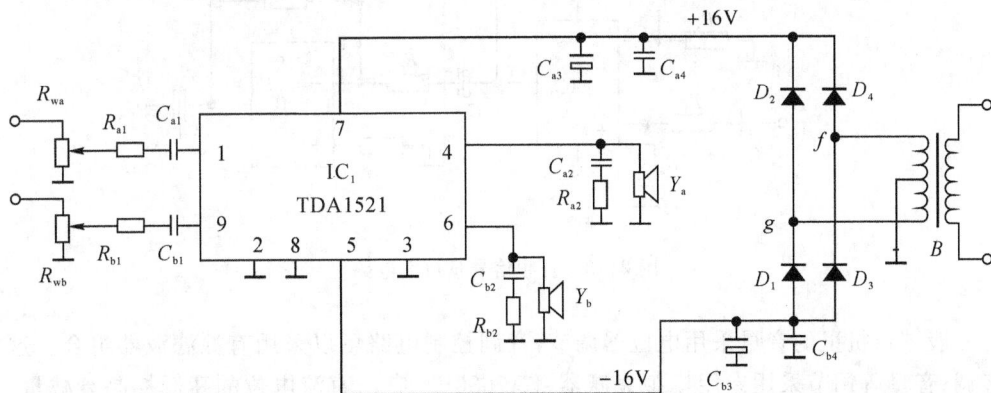

图 21-1 TDA1521 典型应用电路

简单的典型应用电路如图 21-1 所示。图中 R_{wa}、R_{wb} 为音量调节电位器,一般取为

$22k\Omega$。D_1、D_2、D_3、D_4 组成桥式整流电路,将变压器送来的双路交流电压转换成双路直流电压,为 TDA1521 供电。实验时,可以直接用双路稳压电源供电。C_{a3}、C_{b3} 为电源滤波电容,一般取为 $3300\mu F$ 以上,容量越大,电源的纹波越小,有利于减小输出的低频轰鸣声。

测试前要注意:TDA1521 必须加装散热器,并且其散热片不能直接接地,是这款芯片在应用上的一大弱点。接上电源后,TDA1521 输出端口在静态时应该处于零电位值。

2. 带音调控制的功率放大电路

一般的扩音机还应该有 MIC 信号放大、音调等控制功能。通常在功率放大器的前端加入前置放大电路、音调等控制电路,其功能更加完善,其组成框图如图 21-2 所示。

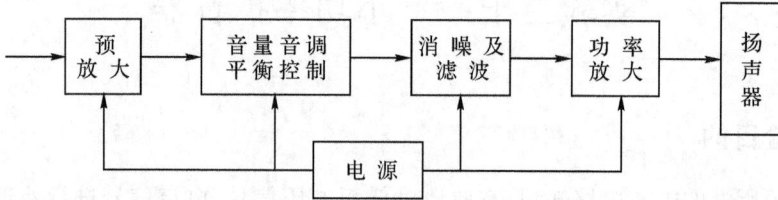

图 21-2　普通扩音机的电原理框图

这里的预放大部分包括 MIC 信号放大和功放前置放大电路,这两个电路功能类似,都可以采用运算放大器来构成,如图 21-3 所示。音响系统中,可采用 NE5532 运算放大器作为前置放大,其噪声比较小。NE5532 芯片内含二个运算放大电路,分别用来构成两级放大,第一级作为 MIC 信号放大,第二级作为功放的前置放大器,它们的电压增益控制在各50 倍左右。音量等调节置于 IC_2 电路之后。若有其他声源,一般话在前置放大电路之前输入。这里声源选择电路未考虑。

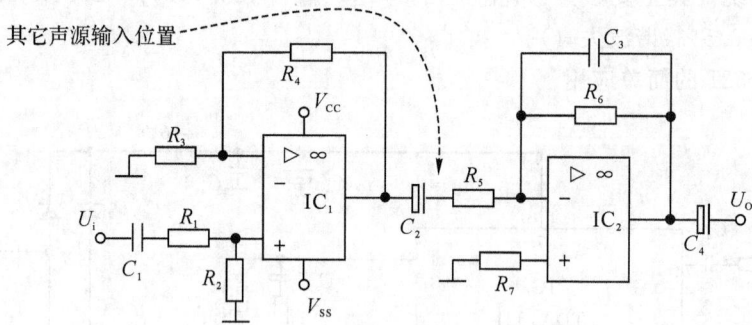

图 21-3　音频信号预放大电路

一般扩音机里的音量采用电位器调节,音调控制电路可以采用有源滤波器组合。这里的音调、音量等调节采用专用模拟衰减器 TA7630P。它由直流电位的高低控制衰减量,可避免因电位器接触不良引起噪声。7 脚为平衡控制;8 脚为音量控制,电位高时音量大;9 脚为低音控制,电位高时低音提升;10 脚为高音控制,电位高时高音提升;3 脚、14 脚外接电容控制高音;4 脚、13 脚外接电容控制低音。TA7630P 的主要电参数:$V_{CCmax} = 14V$,$P_D = 0.75W$,实测工作电流约 20mA。

　　由模拟衰减器 TA7630P、功率放大器 TDA1521 组成的功率放大电路如图 21-4 所示。增加模拟衰减器后,电路结构变得有些复杂,但还是明显地可以划分为功率放大、音量等调节、电源三部分组成。

　　集成功放电路需采用双电源供电,由 B、BX、$D_1 \sim D_4$、C_{a6}、C_{a7}、C_{b6}、C_{b7} 组成电源电路。B 为电源变压器,当单绕组输出时,将 g 或 f 中的任意一点与 h 相连,然后接到变压器的输出端;当变压器是双绕组输出时,如图连接,但此时保险丝 BX 不起作用。元件 T_{a1}、D_{a1}、R_{a7}、R_{a8}、C_{a8}(T_{b1}、D_{b1}、R_{b7}、R_{b8}、C_{b8})组成 TA7630P 的辅助供电电源。

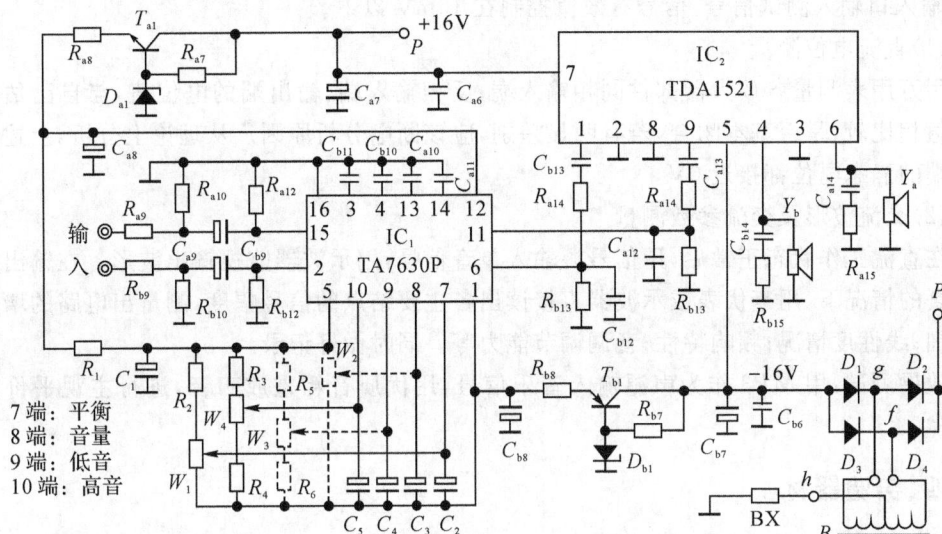

图 21-4　带音调控制的功率放大电路

　　图中输入电路用于实现阻抗匹配及耦合;音量控制用来调节音量大小;音调控制用来调节高低音的相对比例,并提供一定的放大量;平衡控制用来调节左右两个声道的音量之平衡。在正常情况下,音调、音量控制电路之后不必通过噪声滤波,若信号中混入超范围的高音或低音噪声时,则或通过噪声滤波器滤除。功率放大电路的结构同前所述。

　　这一功率放大器能达到的技术指标:

　　(1)负载阻抗　　(通常为 $R_L = 8\Omega$)

　　(2)额定功率　　(输出无明显失真时的单路最大输出功率 P_O)

　　(3)带宽　　　　(BW≥40Hz～20kHz)

　　(4)失真度　　　(小功率输出时,一般要求 $r < 1\%$)

　　(5)输入电平　　(总体平均值在 0.1V～1.0V 之间)

　　(6)输入阻抗　　(通常 $R_i \geqslant 20k\Omega$)

三、实验内容及步骤

　　1. 列出元件清单,领取所需的元器件。

　　2. 焊接组装电路。

　　电路的组装及焊接任务要求在课外完成。安装元件时,必须熟悉元件的引脚分布状况,特别是集成器件及电解电容,不能接错极性。焊接前要保证焊接面的清洁,确保焊接质量,否则,将会严重影响下一步的实验正常进行。

3. 调试与测量

电路制作完成后,可以对它的性能状态进行测试,如最大输出功率、电路电压增益、高低音电位器居中时的频响范围、高低音提升或衰减能力等。测试时输入信号不能过大,具体幅值根据输入点不同而有所差别,若在功率放大电路之前或者音调控制电路之前,输入信号有效值控制在 1V 以下;若在前置放大电路之前,输入信号有效值控制在 0.1V 以下;若在 MIC 输入口输入测试信号,信号有效值控制在 10mV 以下。

(1)直流电位测量

用万用表测量各放大器部件同相输入端、反相输入端、输出端的电位值,与自己估计的电压值相比较,是否基本吻合,若有明显差别,应该断电分析原因。从理论上分析,上述放大器各端的静态电位都接近 0V。

(2)交流波形及交流参数测量

在直流工作状态正常后,用信号源输入单音信号,用示波器监视输出波形。在输出波形不失真的情况下,用毫伏表或示波器直接读出各主要结点的信号幅度,测量出电路的增益调节范围;线性度情况;频响特性;音调调节能力等。同时做好记录。

效果测试:用 MP3 作为声源输入音乐信号,用优质音箱重放声音,进行主观平价其音质优劣。

四、实验器材

1. 扩音机套件　　　　　　　　　一组
2. GOS-6021 型二踪示波器　　　一台
3. 直流稳压电源　　　　　　　　一台
4. 数字万用表　　　　　　　　　一只

五、预习要求

1. 自学功率放大器电路的工作原理,并要求能估计出各测试点的电位及其电位变化情况、信号相位关系。估计电路正常工作所需的输入信号频率及幅度大小。
2. 理安排结构,组装放大器电路。

六、实验测试报告要求

1. 绘制输入信号波形、A 点信号波形、B 点信号波形、输出信号波形图,要能够比较它们的相位关系。
1. 分析电路各环节的信号电压放大能力,分析电路的频率响应能力。
2. 分析影响频率截止点的具体环节,如何调节频带宽度?

实验二十二　使用光电隔离的耦合放大器

一、实验目的

综合运用所学的电路知识,有效地对电压信号、电流信号、光电信号进行处理。同时,使同学们熟悉另一种结构的运算放大器的应用、光电耦合器的结构性能及应用,了解更多的元器件性能指标,进一步掌握分析处理实用性电路的技术。

二、实验电路工作原理

电信号的电隔离传输目前主要有变压器耦合和光电耦合二种。目的是在传送所需的有用信号的同时,在电路连接上将以分离,如从民用交流电网中提取附带的信息,为了防止设备带电,需要对电路进行隔离。隔离放大器组成框图如图 22-1 所示,其虚线左边与右边我导线连接。

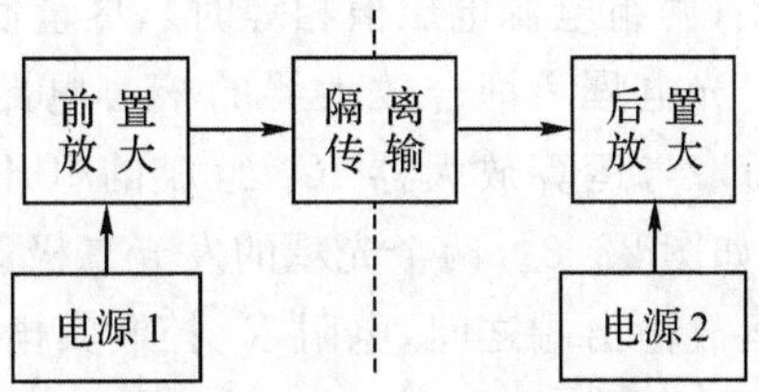

图 22-1　隔离放大器组成框图

1. 电路结构及工作原理

光电隔离耦合放大电路如图 22-2 所示,是电隔离传输信号的电路类型之一,具有体积小、电路简洁、性能稳定、电压隔离能力强、适应频率低等特点,它可以直接传输放大直流信号。这是变压器耦合方式所不能达到的。

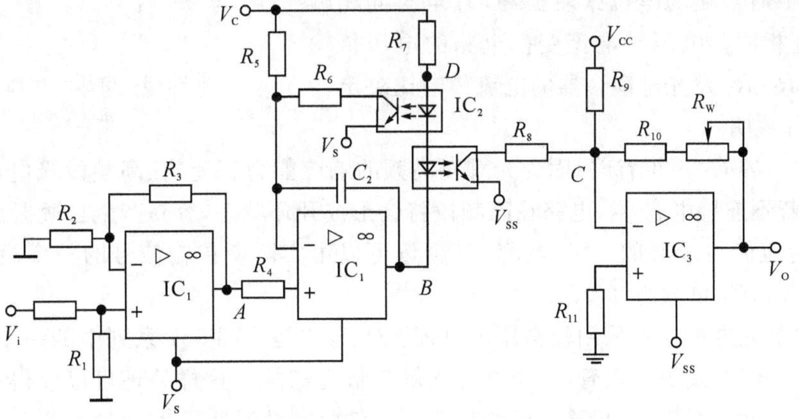

图 22-2　光电隔离耦合放大器原理图

整个放大器电路结构主要由三个运算放大器 IC_1、IC_3,二个光电耦合器 IC_2,二组独立的供电电源组成。光电耦合器内部包含一组发光元件和光敏元件,当发光元件通以电流时,它会发出光线,透过中间的透射物质,光敏元件感受到光线,产生电流输出,输入电流越大,内部传递的光线强度越大,所产生的输出电流也就越大。集成运算放大器 IC_1 是一个双运放,其中之一组成同相放大器,作为信号前置放大;另一个运算放大器组成特殊的电压-电流变换器,用以驱动光电耦合器工作,集成运算放大器 IC_3 作为后置信号放大。光电耦合器 IC_2 是一个双光耦,其中之一是用于光耦本身的工作状态反馈,以保证光耦工作在线性区,另一个光耦用于前后级间信号耦合。

为了达到完全隔离的目的,原则上电路的供电电源应分为独立的两组,左边一组用 "V_C、V_S" 及 "⊥" 表示,右边一组用 "V_{CC}、V_{SS}" 及 "⏛" 表示,两组间没有任何线路连通。这里两组电源电压可以取为 ±12V,即 $V_C = V_{CC} = +12V$,$V_S = V_{SS} = -12V$。

第一级的前置同相放大电路的工作原理可参考实验三,这里不再复述。

末级 IC_3 组成的放大电路结构属于普通的反相比例放大电路,R_W 调节其信号放大倍数。但它的电压放大倍数不只是决定于 R_{10}、R_W 与 R_8 的比值的关系,还与光电耦合器内部三极管的内阻有关;电路的静态电位受光电耦合器输出电流影响,因此,电阻 R_9、R_8 的取值就与 R_5、R_6 的阻值成比例(两组电源电压值不等时),即 $R_9:R_5 = R_8:R_6$,或取 $R_9 = R_5$,$R_8 = R_6$(两组电源电压值相等时),尽量使运算放大器反相输入端电位为零。

光电隔离耦合放大器的核心电路是由光电耦合器 IC_2 与运算放大器 IC_1 组成的电压-电流变换电路,如图 22-3。两个光耦的发光二极管接在电源正极与运放输出端之间,电阻 R_7 控制其电流大小,根据光电耦合器的电流传输比,在电阻 R_5、R_6 上形成电压降,使运放的两个输入端间电位相同。当运放同相端输入电位发生变化时,如电位增高,其输出端电位也将增高,则光电耦合器中发光二极管电流将变小,输出三极管中的电流也将变小,电阻 R_5 上的电压降变小,运放反相输入端的电位跟着提高,直至与同相输入端的电位相同。电压-电流变换电路的电压传输比,由电阻 R_7、R_5 及光电耦合器的电流传输比决定。

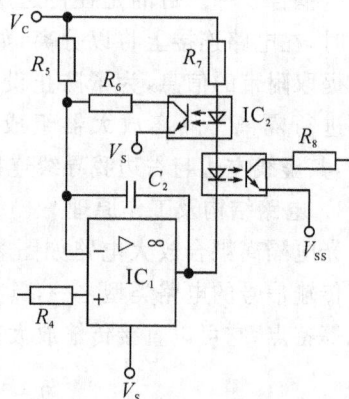

图 22-3 电压-电流变换

2. 器件说明

电路中电容 C_2 不可省略,因为光耦对高频的响应能力很差,在高频段光电耦合器无法传递信号,若不连接电容 C_2,电路在高频段将会形成开环状态,容易产生自激振荡。电容 C_2 可用高频响应能力较好的 CBB 电容,其容量可以由实际所传输信号的频率决定,当传输 10kHz 信号时,C_2 可取为 $0.01\mu F$。

本实验的光电耦合器采用较常用的 TLP521-2,它是 TLP521 系列中的一个型号,内部由独立的二个红外发射二极管、二个红外光敏三极管组成。这样处理可以使得二对发射接收器性能一致性好,保证信号输送的线性度。器件引脚排列见图 22-4(b),有关主要参数见表 22-1。

表 22-1　光电耦合器 TLP521-2 主要参数表

名　称		符号	参数			单位
			典型	最大	极限值	
LED	正向电流	I_F	16	20	50	mA
	反向电压	V_R			5	V
	正向电压	V_F	1.15			V
交敏三极管	集电极耐压	V_{CEO}			55	V
	集电极工作电压	V_{CC}	5	24		V
	饱和压降	$V_{CE(sat)}$	0.2	0.4		V
	发射结反向耐压	V_{ECO}			7	V
	集电极电流	I_C	1	10	50	mA
电流转移比		I_C/I_F	150	600		%
延迟时间		t_r	2	3		μS

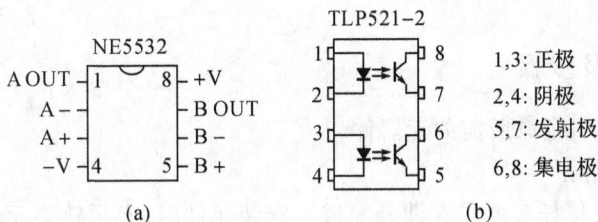

图 22-4　运算放大器及光电耦合器引脚图

　　NE5532 是一块性能较好的宽带低噪声双运算放大器,常用于音响系统中,其引脚按通用形式排列,见图 22-4(a),许多双运放、双电压比较器都采用这种结构。有关主要参数:

输入失调电压 $500\mu V$;

温度漂移 $5\mu V/℃$;

增益带宽 10MHz;

转换速率 $9V/\mu s$;

噪声 $5nV/\sqrt{Hz}$(1kHz);

消耗电流 8mA;

工作电压$±3\sim±22V$;

最大允许差模电压$±0.5V$;

最大允许共模电压同电源电压值。

　　其他电阻元件的参数及作用见表 22-2。整个电路具有较好的线性度,典型的输入输出波形如图 22-5 所示。

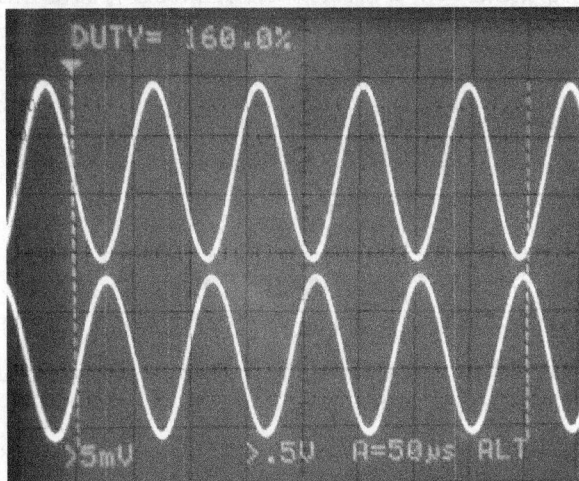

图 22-5　典型的信号传输波形

表 22-2　放大器电路元器件列表

元件名称	元件代号	规格/型号	参数	作用
电容	C_2	CBB	1000P	消除高频振荡
电阻	R_1、R_2、R_4		3.3K	
	R_3		100K	前置负反馈
	R_5、R_9		3.3K	电流转换电压
	R_6、R_8		470Ω	电流转换电压
	R_7		6.8K	电压转换电流
	R_{10}		470Ω	最低放大量控制
	R_{11}		3.3K	
	R_W		15K	放大量调节
光电耦合器	IC_2	TLP521-2		信号隔离传输
运算放大器	IC_1	NE5532		信号放大、转换
	IC_3	NE5532		信号放大

三、实验内容及步骤

1. 列出元件清单,领取所需的元器件。

2. 焊接组装电路。

电路的组装及焊接任务要求在课外完成。安装元件时,必须熟悉元件的引脚分布状况,特别是集成器件及电解电容,不能接错极性。焊接前要保证焊接面的清洁,确保焊接质量,否则,将会是事半功倍,严重影响下一步的实验正常进行。焊接技术说明附于书后,供同学们参考。

3. 试与测量

完成上述工作后,就可以对电路状况进行测量。在信号传输性能测试中,供电电源是否隔离不影响结果,因此,为了简便可以将两组电源合二为一,用同一台稳压电源供电。

电路接通电源后,按自己预先估计的幅度,先输入一个正弦信号,用示波器双踪功能观察光电隔离耦合放大器的输入、输出两个信号波形,应该会显示出如图 22-5 相似的波形。若显示的波形图明显失真,或无输出信号波形,说明电路存在故障,应作检查修复。等到能显示正常波形后,开始测量。

(1)直流电位测量

用万用表测量各运算放大器同相输入端、反相输入端、输出端的电位值及 D 点的电位值,与自己估计的电压值相比较,是否基本吻合,若有明显差别,应该弄清原因。从理论上分析,上述运算放大器各端的电位都接近 0V,D 点的电位约 2.3V。

(2)交流波形及幅度测量

用示波器观察输入信号 V_i 波形、A 点信号波形、B 点信号波形、输出信号 V_o 波形失真情况、相位偏移情况;用毫伏表或双踪示波器直接读出各点的信号幅度,做好记录。

四、实验器材

1. 光电隔离耦合放大器套件   一组
2. GOS-6021 型二踪示波器   一台
3. 直流稳压电源   一台
4. 数字万用表   一只

五、预习要求

1. 自学光电隔离耦合放大器电路的工作原理,并要求能估计出各测试点的电位及其电位变化情况、信号相位关系。估计电路正常工作所需的输入信号频率及幅度大小。

2. 理安排结构,组装电隔离耦合放大器电路。

六、实验测试报告要求

1. 绘制装配时实际所用的线路图。

2. 绘制输入信号波形、A 点信号波形、B 点信号波形、输出信号波形图,要能够比较它们的相位关系。

3. 析电路各环节的信号电压放大能力,分析电路的频率响应能力。

4. 分析为何在 C 点处测不到电压波形? 输入输出信号相位存在不固定偏差,该相位差是如何形成的?

七、思考题

1. 什么场合需要用到隔离放大器?

2. 非线性光耦是如何实现信号线性传输的?

3. 所传输信号的最高频率主要受什么器件制约?

实验二十三　　电池充电器的制作、调整

一、实验目的

要求同学们综合运用所学的模拟电子技术知识，系统组合各个具有独立功能的电路，使之能形成一个完整实用的装置，学会电路的组合、分解的能力。同时，使同学了解更多的元器件性能指标，进一步掌握分析处理实用性电路的技术。

二、实验电路工作原理

对充电电池进行充电有多种方法，常用的有恒流充电，分阶段恒流充电，恒压充电三种方式。恒流充电比较简单，只要在整流器个充过程中恒定一个充电电流值可以。所谓分阶段恒流充电是指，在充电起始阶段，用大电流进行充电，经过一定时间后，改作标准电流进行充电，等到基本充满电后，用涓流（小电流）进行充电。恒压充电是指充电电压恒定在一定数值上。

所谓标准充电电流，是以电池标称容量 mAh 前数值的 1/10 计算，以 mA 为单位。如标称容量 1300mAh 的充电电池，标准充电电流就是 130mA。

充电器是很常用的电子器件，电池充电电路的类型很多，考虑电路基础训练的需要，本实验所采用的电路基本由分元件组成，整个装置对一节镍氢电池进行充电，充电方式采用 120mA（根据需要可以改变）恒定电流方式。整个充电器的组成可以由图 23-1 所示的原理框图表示，由供电电路、恒流电路、充电量电压检测电路、停充电路、相关保护电路组成。

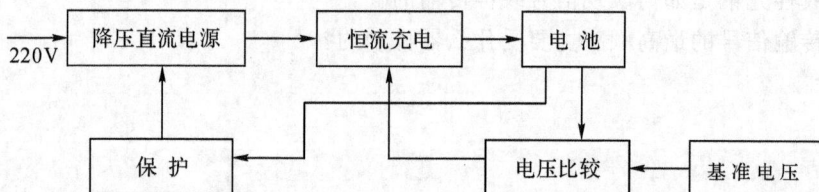

图 23-1　充电器组成框图

电池充电器的具体电路如图 23-2 所示，变压器 B、二极管 $D_5 \sim D_8$、电容 C_1 组成简易的电源电路，正常情况下约输出 10V 直流电压，向主电路供电。

主电路分为两部分：一是恒流电路，控制充电电流；第二部分是电池电压检测控制电路。对于恒流电路，由 T_1、T_2、D_1、R_1、R_2 组成，T_1 为充电电流控制三极管，T_2 是与 T_1 特性相同的三极管接成二极管结构，以抵消因温度改变而引起的三极管 T_1 参数变化造成的不良影响。D_1 是红色光二极管正向导通时具有比较稳定的电压 V_{D1}，起到稳压管的作用，以稳定三极管 T_1 基极电压，同时兼作充电指示灯。R_1 为充电电流 I 的控制电阻，三极管 T_1 基极电压后，R_1 上的电压也得以稳定，其大小就等于发光二极管 D_1 的正向导通电压 V_{D1}，因此，充电电流

$$I = V_{D1}/R_1$$

改变 R_1 阻值大小,可以改变充电电流 I 大小。R_2 是发光二极管的限流电阻及三极管 T_1 的偏置电阻。

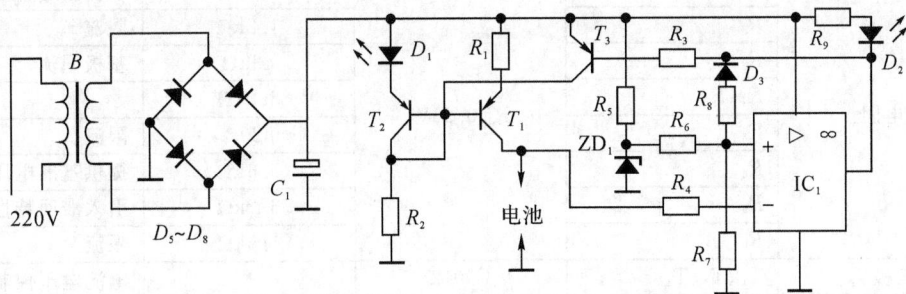

图 23-2　电池充电器电路原理图

电池充满电后,要求能自动停止充电,因此充电器一般都设有检测及控制电路。判断电池是否已充满电,通常采用检测电池两端电压来确定。对于一节镍氢电池,若通以标准充电电流,其端电压会随充电量的增大而上升,充满电后的端电压约 $1.41 \sim 1.42V$。本实验电路就是依据这一思想确定电路形式,电池电压检测及控制电路单独绘于图 23-3。

电池电压从电压比较器的反相输入端输入,与同相输入端的基准电位进行比较,当电池电压升高,大于比较器同相输入端电压时,比较器输出低电平,停充指示灯亮,三极管 T_3 导通,使恒流管基极与正极电源线间的电压降至很小值,不足以使恒三极管 T_1 导通,关闭恒流充电电路,停止充电。同时,D_3 导通,R_8 上产生分流,使比较器同相输入端的基准电位下降,防止停止充电后电池电压回落,双进入充电状态。这一改变后的基准电压值,可以作为是否进入充电状态的判断标准:若电池电压低于这一值,比较器输出端开路(所用比较器为 LM393),三极管 T_3 截止,充电指示灯亮,恒流充电电路开通;若电池电压高于这一值,如前所述,比较器输出低电平,恒流充电电路关闭,停止充电。

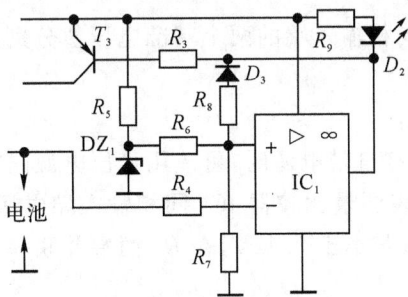

图 23-3　电压检测及控制电路

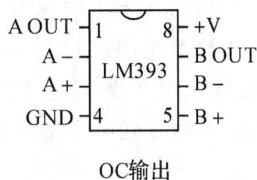

OC输出

图 23-4　LM393 引脚图

电阻 R_5 及稳压二极管 DZ_1 是为基准电压提供一个稳定的电压值而设置的,电压比较器 LM393 的引脚排列见图 23-4,有关元件参数见表 23-1。

表 23-1　充电器电路元件参数表

元件名称	元件代号	规格/型号	参数	作用
电容	C_1	CD11	$1000\mu F$	电源滤波
电阻	R_1	RJ 0.25W	18Ω	恒流控制
	R_2		$1.2k\Omega$	限流
	R_3		$43k\Omega$	基极限流
	R_4、R_7		$3.0k\Omega$	
	R_5		820Ω	限流
	R_6		$5.6k\Omega$	提供基准电压
	R_8		$6.2k\Omega$	引入滞回特性
	R_9		$1.5k\Omega$	限流
三极管	T_1、T_2、T_3	C9012		电流电压控制
二极管	D_1、D_2	红、绿		指示灯
	D_3	1N4148		引入滞回特性
	$D_5 \sim D_8$	1N4007		电源整流
	DZ_1		6.2V	稳压
电压比较器	IC_1	LM393		
电源变压器	B		5W—220V/10V	

三、实验内容及步骤

1. 列出元件清单,领取所需的元器件。

2. 焊接组装电路。

电路的组装及焊接任务要求在课外完成。安装元件时,必须熟悉元件的引脚分布状况,特别是电压比较器及电解电容,不能接错极性。焊接前要保证焊接面的清洁,确保焊接质量,否则,将会是事半功倍,严重影响下一步的实验正常进行。焊接技术说明附于书后,供同学们参考。

3. 测量与调试

(1)确保电压检测及充电控制用比较器同相输入端的两个基准电压值分别达到1.42V及1.25V。

比较器同相输入端上限基准电压值调整:

先将电池充电座两极短路,接通电源,没有自带电源时,可改用稳压电源向被测电路供电,稳压电源输出电压调整至10V。用万用表测量比较器IC_1同相输入端电压值,若大于1.42V,在R_7两端并联一个适当阻值的电阻;若小于1.42V,在R_6两端并联一个适当阻值的电阻。

比较器同相输入端下限基准电压值调整:

将电池充电座两极开路,接通电源,用万用表测量比较器IC_1同相输入端电压值。若大于1.25V,在R_8两端并联一个适当阻值的电阻。考虑电阻进行微调时,用并联电阻的方式比较方便,R_8原先设置的阻值偏大,一般所测得的电压会偏高一些。

(2)恒流电路测量

短接充电座两极,测量充电状态下恒流管基极对正电源线之间的电压值、发光二极管两端电压值、充电电流值。改变(减小)恒流电阻 R_1 的阻值,观察充电电流值的变化情况。

(3)考察充电—停充的转换情况

在电池充电座上安装上模拟充电电池,改变并测量其两端电压,观察何时出现二个指示灯亮灭的转换,即充电状态到停充状态的转换。

四、实验器材

1. 电池充电器套件　　　　　　一组
2. GOS-6021 型二踪示波器　　　一台
3. 直流稳压电源　　　　　　　一台
4. 数字万用表　　　　　　　　一只

五、预习要求

1. 弄懂电池充电器电路的工作原理,并要求能估计出各测试点的电位及其电位变化情况。
2. 理安排结构,组装充电器的低压电路部分。
5. 为测试设计一个模拟电池装置,以试验终态电压是否准确。

六、实验测试报告要求

1. 绘制装配时实际所用的线路图。
2. 分析测量数据,总结充电器制作情况。

七、思考题

1. 什么是恒流充电、恒压充电、分段充电?各有什么优点?
2. 如何保证电池终态电压判断的准确性?
3. 充电过程中电池内阻的存在对测量有何影响

第四部分　常见问题解答

　　在实验过程中,同学们会提出许多疑问需要需要指导教师解答。这些疑问总是有其存在的原因。掌握相应的工作原理是我们处理事务的一个重要基础,各种现象的出现都可以通过电路的工作原理或者测量仪器的工作原理进行分析,其实工作原理就是实验的理论基础,所以,实验必须有其理论基础,没有理论作为依据的操作不能称之为实验。在实验操作过程中,应当密切联系理论知识,需要学生善于主动思考来解决问题。

　　排除实验过程中出现的简单故障是实验的一个基本环节。排除实验中出现的故障的基本方法是:将测量的数据与应当呈现出的参数进行比对,从数据的偏离情况判断出可能存在差错。如双电源供电的运算放大器在静态时,从原理上看,同相端、反相端的电位总是相等,均为 0V,如图 a 所示。若运放输出端电位存在一点漂移,也不会偏差太大。如果静态正常,当输入交流小信号后,运放输出端平均电位总是偏离零值较多(或者很高或者很低),只有一种可能,交流信号输入时带有直流成分,一般是信号源的问题。

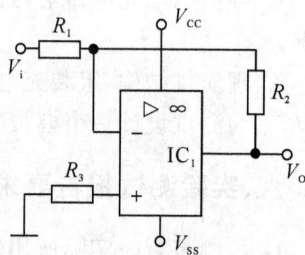

图 a　运放电路

　　下面就一些常见的技术问题进行解答,便于同学们自行对照,帮助分析各种现象出现的原因,排除故障。当然,其前提条件是仪器本身无故障。出现故障的原因往往是多方面的,所解答是最主要的原因,并不是唯一的可能。

　　问题 1:万用表测量电阻时,所测得的阻值与其标称值不一致。

　　原因之一:万用表处于测量电阻功能档,测量前未做零值校正。选择万用表某一个档位测量电阻时,应当预先进行电调零。

　　原因之二:被测电阻没有从电路中独立出来。这样测到的值总是小于被测电阻标称值。

　　问题 2:基本放大电路实验中,三极管在调整静态工作电流时,电流值总是为零。

　　原因之一:放大电路的供电电源没有接上,或者电源极性接反。

　　原因之二:线路没有连接完整,如上偏置电阻、发射极电阻、三极管等没有连通,要检查导线连接是否良好。

　　问题 3:三极管在调整静态工作电流时,电流值总是过大。

　　原因:放大电路基极的下偏置电阻未连接。

　　问题 4:调整静态电流,测量三极管静态电压 V_{CE} 时,发现电压值总是无法升高(应该可以达到 V_{CC} 值)。

　　原因之一:三极管已经损坏,漏电严重。

　　原因之二:放大电路负载电阻接错位置,应该连接在输出电容之后的,实际连接在了集电极上。

问题 5：三极管放大电路的连接是正确的，静态工作电流也已经调整正确，但还是无信号输出。

原因之一：测试信号的输入端口连接不良，或者断线。

原因之二：静态工作电流是调整正确了，但 V_{CE} 的值还不正确。可能是集电极负载电阻 $R_c \approx 0$ 所至，其理由可以从放大电路电压增益计算式中进行分析。共射放大电路开路电压增益计算式为

$$A_v = -\beta \frac{R_C}{r_{be}}$$

当集电极负载电阻 $R_c = 0$ 时，$A_v = 0$。

问题 6：三极管放大电路的电压增益过小。

原因之一：集电极负载电阻 R_c 阻值过小。分析方法同上。

原因之二：发射极的旁路电容 C_e 未连接，或者连接不可靠。

原因之三：输入电压太小，经常发现实际输入电压只有 3mV 以下。

问题 7：三极管放大电路的静态工作点调整过，但输出电压仍然失真严重。

原因之一：输入电压太大，调整输入电压到 5mV～10mV。

原因之二：静态工作点没有调整到合适位置。

问题 8：运算放大电路连接正确，就是不能放大交流信号。

原因之一：电源连接不当造成。电源极性接错，或者双电源工作的电路中只提供了单一极性电源。

原因之二：运算放大器芯片已经损坏。最简单的判断方法是拆除信号输入端口，将运算放大器输出端通过一只电阻连接至反相输入端，用万用表测量运算放大器的输出端和反相输入端电位。这两个电位值应该都是 0V，要是存在较低电位值，它们的极性也是互为相反的。若电位值较高，且都是同极性的，可以肯定该运算放大器芯片已经损坏。

问题 9：在比例运算放大电路实验中，出现如图 b 所示的波形曲线。

原因：正常的波形是光滑的正弦波，出现这种严重变形的波形时，一般都是由于地线未正确连接所至。应该检查电源的地线是否连接正确？仪器电缆的地线是否合理连接。

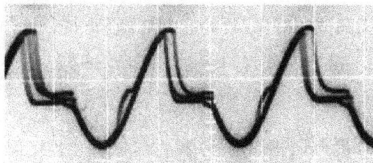

图 b　含噪声的波形

问题 10：由运算放大器构成的二阶低通滤波器实验中，有振荡波输出（振荡频率高于输入信号频率）。

原因：决定滤波截止频率的 RC 参数设置出错，如与运放同相端相连的电容容量变小。或者是由于放大电路部分的电压增益过高。

分析：电路如图 c 所示，负反馈网络 R_1、R_f 决定放大电路的电压增益，而滤波元件 RC 连接成正反馈结构。产生了振荡只可能是正反馈量大于负反馈量。如果运放 2 端所接的电容容量变小，则对于通过 RC 滤波网络的某一些频率成分形成过强正反馈而出现振荡。

问题 11：运算放大器构成的积分电路实验中，输出波形出现如图 d 所示的曲线。

原因：通常在方波输入时，输出的积分曲线是对称的三角形，图 d 所示的曲线中一个顶点已经明显变形，是由于运算放大器工作在非线性状态所至。可以将示波器置于直流观察

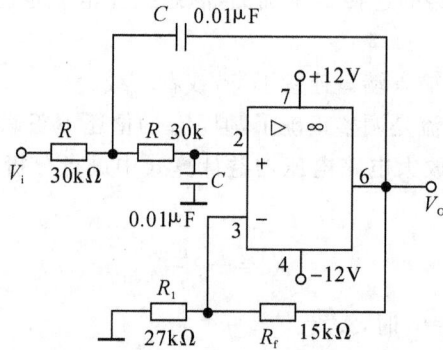

图 c 二阶有源低通滤波电路

功能,会显示出整条曲线已经严重偏离零电位值。一般是运算放大器没有加直流负反馈所至,须要在积分电容旁并联一个大阻值电阻,就是图 3-3 中的 R_4。

问题 12:用示波器上监视 RC 正弦振荡电路的输出波形,调整至正好维持振荡。此时接入毫伏表准备测量电压,但振荡波形消失。

原因:这一情况只出现在无振幅自动控制的 RC 正弦振荡电路中。原来的振荡处于临界状态,接入毫伏表后,等效于加入一个负载,改变了电路的增益,破坏了振幅平衡条件,使电路停振。只有重新调整电路的增益大小,使之产生幅度合适的振荡波形。这也说明测量环境对电路工作状态是有影响的。

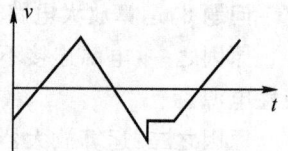

图 d 异常积分曲线

问题 13:在测量 RC 正弦振荡电路的开环相频特性时,无论怎么改变频率,示波器两踪显示的波形总是同相位。

原因:经常出现这一问题,但检查下来错误都一样,实际测量的是运往放大器同相端与输出端之间的波形。也就是找错了测试点。

问题 14:OTL 功率放大器实验中,示波器测量到图 e 所示的杂乱波形,出现严重干扰现象。

原因:测量仪器的地线与电路地线没有直接连通,由干扰信号激发电路振荡。

解决办法:检查地线的连接情况,信号输出端口的测量仪器最好能接成共点结构,与实验电路地线可靠连接。另外,实验电路的连接导线要尽量简洁、有序,不要将信号输入线与输出线交叉。

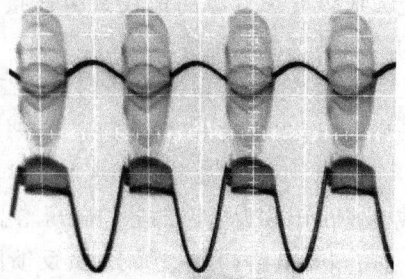

图 e OTL 实验电路测试波形

问题 15:示波器显示的波形在水平方向不稳定,该如何处理?

答:示波器显示的波形在水平方向不稳定需要调节扫描同步系统,包括四个部件,按先后顺序为:①同步踪迹(SOURDE)选择;②同步电平(LEVEL)选择;③释抑(消噪)(HOLDOFF)状态调节;④触发信号类型选择。一般先检查一下信号输入端 CH1(或 CH2)与示波器右下角显示的是否一致,一致后调节前两步就可以使波形稳定。

问题 16:如何用双踪示器测量两个波形间的相位差?

答:用双踪示波器测量两个波形间的相位差实际是采用了比较法,即把波形的一个周期等于 360°作为标准,按照比例算出两个波形间的相位差。被测的两个信号必须是同频率,比较它们的相位差才有意义。测量方法如下:

先将示波器的同步信号取为 CH1 或 CH2,使它们有统一的扫描起始条件,并使信号处于稳定状态。调节 CH1 和 CH2 位移,使两踪波形置于容易读数的位置,或者将正弦波形的中心电平置于某一横轴上,如图 f 所示。则 CH2 信号滞后于 CH1 信号的相角 φ 为:

$$\varphi = \frac{A}{B} \times 360°$$

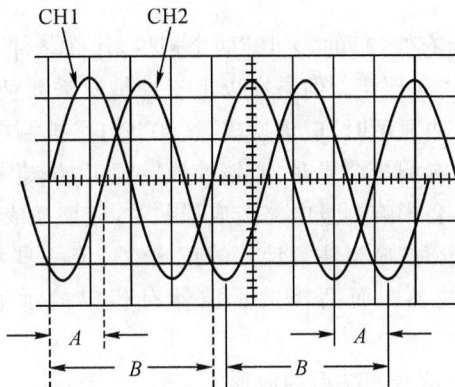

图 f 具有固定相位差有波形

问题 17:示波器屏幕右下角显示的频率值与实际波形曲线上反映出的频率值不一致。

原因之一:示波器的频率显示值也是以输入信号计数的方式进行测量的。当信号波形中有大幅度噪声存在时,会多计数。或者波形曲线还未达到稳定(不同步),或者高低参差不齐,计数电路没有捕捉到应该捕捉的电平,就会漏计数,造成计数值变少,出现示波器测量错误。从波形曲线上计算得到的频率值更可信。

原因之二:示波器的水平扫描未校准,显示的曲线不能按坐标读取。

问题 18:如何用双踪示波器显示出对称输出信号? 如测量差分电路的两个集电极间输出电压波形。

答:示波器的接地端必须接在地线上,不能将一个探头的两端直接连接在两个对称的输出端,否则,示波器地线会与信号源的地线构成一个回路,将其中一输出端信号对地短路。正确的测量方法是:两个探测端分别接至两个集电极,将示波器的测量功能调整到"差值测量"。"差值测量"方法参见"问题 20"。

选择正确的测量点有助于减少误差,在上图中 A 有两个测量点,左边是以波形斜率最大的点与水平线的交点作为测量点,称之为敏感点,交点明确,测量误差最小;右边是以波形斜率最小的点作为测量点,交点不敏感,误差最大。所以测量时,如果波形幅度不同,先使"正弦波形的中心电平置于同一横轴上"(这很重要),然后测中心位置之间的间距 A。波形幅度相同时,同样先使"正弦波形的中心电平置于同一横轴上",然后测同一横轴上交点之间

的间距 A 即可。

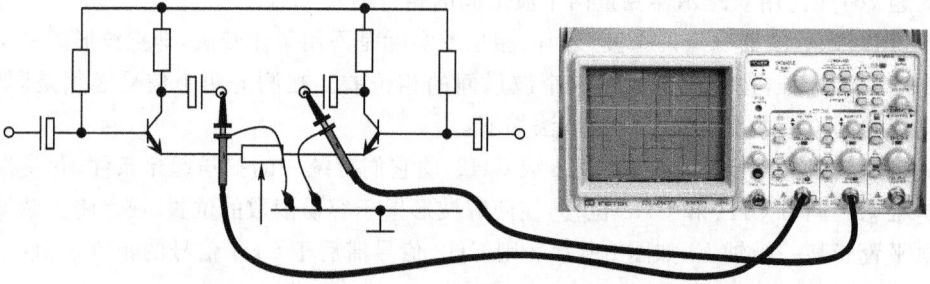

图 g 示波器双踪测量连线图

问题 19：示波器探头上有"×1"的"×10"两个档位，什么条件下使用"×10"档？

答：一般情况下都使用"×1"档。但是在以下三种情况需要使用"×10"档：①当输入信号电压过大，示波器屏幕无法显示时，应该换成"×10"档；②被测电路的阻抗较大，示波器探头"×1"档的阻抗会明显影响测量结果时，应该换成"×10"档；③被测信号是高频或高速脉冲，示波器探头电缆的电容会影响测量电路造成误差时，应该换成"×10"档。

使用"×10"档进行测量时，应当注意计数的正确性。有一些示波器的读数需要人工换算，如 GOS-6021 双踪示波器。而高档的示波器有相应的示数转换功能，如数字示波器 TDS220。

问题 20：如何显示两个信号相减后的波形？

答：示波器可显示 CH1-CH2 的波形，具体操作方法是：①开通两个通道 CH1 和 CH2；②按 ADD 按钮，让示波器进入混合显示状态，只显示一条两踪相加后的曲线；③长时间按住 INV(ADD)按钮，直至 CH2 波形反相，此时屏幕下方会显示"↓"符号。这样，示波器屏幕只显示一条 $V_{CH1} - V_{CH2}$ 曲线。

问题 21：如何调节信号源输出脉冲信号的占空比？

答：按下"SYMMETRY"按钮，指示灯亮有效，可改变输出脉冲信号的占空比。再按"△"或"▽"按钮，调节占空比的大小。该指示灯灭时，脉冲信号的占空比为 50%。

问题 22：如何使信号源输出连续扫频信号？

答：在 SWEEP 区域按"MODE"键，EXT 指示灯亮表示频率定值输出；LIN 指示灯亮表示线性扫频输出；LOG 指示灯亮表示对数扫频输出。扫频速度和范围由旁边的旋钮调节。

问题 23：信号源如何在输出交流信号的同时叠加偏置电压？

答：按下"DC OFFSET"按钮，指示灯亮有效，输出口可叠加偏置电压。再按"△"或"▽"按钮，调节偏置电压的大小。参见图 h。

问题 24：如何用信号源测量外界信号频率？

答：DF1642 型数字函数信号发生器内置频率计，可以用于频率测量。使用方法是将被测信号从"INPUT"口输入，视被测信号的频率高低将量程置于 10MHz 或 100MHz，就可以在频率显示窗中显示出被测信号的频率值。当然，最好是在示波器测量频率，比较容易把握指示值的准确性。参见图 h。

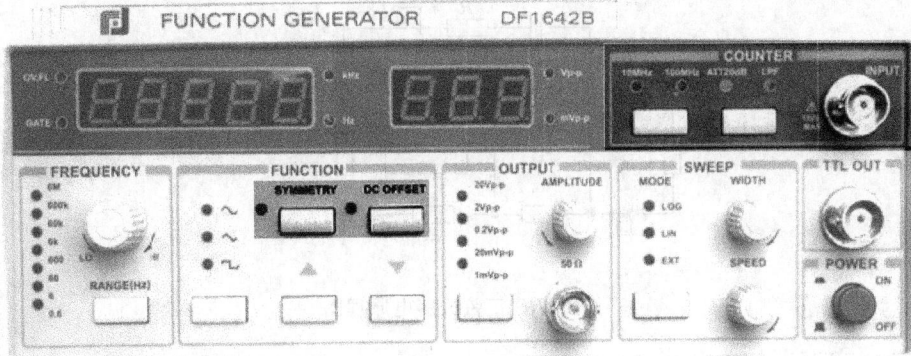

图 h　信号前源面板图

问题 25：为何毫伏表在未测量时，指针不归零，而且不定地晃动？

答：这时毫伏表的测量端口是开路的，会受到空间的电磁波干扰感应出电压，使指针不归零而且不定地晃动。这里也证明了电路分析中零电压的定义：当两个端点短接为零电压。

问题 26：集成运算放大器是否可以采用单电源供电？

答：集成运算放大器可以使用单电源供电，但应该保证运算放大器输入端的基准电位稳定于电源电压的中间值附近，使得集成电路能够正常工作。这样处理实际上是造成了双电源的供电效果。

其实，单电源供电与双电源供电没有本质区别。它们两者的根本区别在于参考零电位的位置不同：单电源供电时往往以电源负极为参考零电位；双电源供电时往往以电源正极与负极之间的某一条线路为参考零电位。如 $\pm 12V$ 供电时，参考零电位线与正、负极的差值相等，为对称供电方式。$+12V$、$-8V$ 供电时，为不对称供电方式，参考零电位线不是处于中间电位上。

问题 27：集成运算放大器与集成电压比较器在应用方面有什么区别？

答：集成运算放大器与集成电压比较器在内部电路处理上有所不同，致使应用方法上有所不同。集成运算放大器输入端电位应该处于两个电源输入端电位的中间值附近，而且大多数集成运算放大器的输入端电位的允许变化范围不大；而集成电压比较器输入端电位可以是任意值，可以直接连接至正、负极电源线上。集成运算放大器输出端一般为图腾柱结构，既可以输出电流，又可以吸收电流；而集成电压比较器的输出端是集电极开路结构，只能吸收电流，几个电压比较器输出端可以直接相连接，组成逻辑与结构。

可以由集成电压比较器构成线性放大电路，但容易产生自激振荡。

问题 28：由集成运算放大器构成的 RC 文氏正弦振荡电路不振荡，该如何检查故障？

答：RC 文氏正弦振荡电路如图 i 所示，属于闭环结构，一旦出现故障比较难检查。一般检查规律是从容易操作的方向入手，可以按下述程序进行。

1. 对照原理图，检查电路是否存在连接错误。有一些是因为线路接错造成的；有一些是因为元件用错所致，如 RC 文氏电路中的电容一个用了 $0.1\mu F$ 的，而另一个却用了 $0.01\mu F$ 的；甚至于有一些是因为电源接错，如双电源接成了单电源，电源极性接反等。

2. 集成运算放大器损坏也是造成不振荡的原因之一，接下去应该检查运算放大器工作

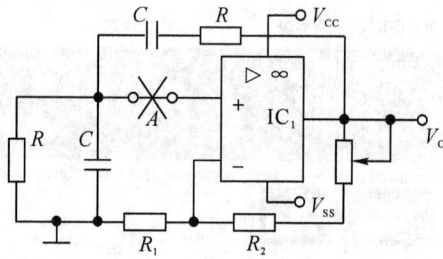

图 i *RC* 正弦振荡电原理图

是否正常。最简单的办法是拿万用表测量运算放大器同相端、反相端、输出端电位,应该都是零伏特。若输出端电位很高(或很低),且反相端电位居中的,不符合运放的工作规律,可以肯定运放已经损坏。

3. 在电路连接没有错误的情况下,要考虑连接线内部是否断线或接触不良。这时需要拆散振荡环路,如在图 g 中 A 处断开,成为开环结构,用外加信号的办法,按照信号流向检查环路各节点的信号状况,根据电路工作原理应该具有的状况,判断出错部位。外加信号的输入点必须是运算放大器入口,不能在运算放大器的输出端倒灌入。

附录一 电子元器件的焊接技术

焊接技术应用极为广泛,不同行业不同领域,所要求的焊接技术各不相同。电子工业的电路板焊接,主要起到固定器件以及连通电路的作用,在某种情况下,焊接是高质量连接最易实现的方法。焊接质量取决于四个条件:焊接工具、焊料、助焊剂、焊接技术。

一、焊接工具

电烙铁是焊接的主要工具,直接影响着焊接的质量。电烙铁有外热式和内热式两大类,要根据不同的焊接对象,选择不同功率、不同形状的电烙铁。焊接集成电路一般可用 20W～25W 电烙铁,电路面积较大时可选用 45W 或更大功率的电烙铁。焊接 CMOS 电路或 IGBT 元件一般选用 20W 内热式电烙铁,而且外壳要连接良好的接地线。长寿命电烙铁的烙铁头表面涂有防氧化的特殊涂层,不可损伤它,更不可用锉刀锉;使用时要经常清除烙铁头表面的氧化物。普通电烙铁的烙铁头一般是实心紫铜制成,新的普通电烙铁头在使用前要用锉刀锉去烙铁头表面的氧化物,再用含松香的焊锡丝涂擦烙铁头,使烙铁头上挂上一层薄锡,这就是新电烙铁头的上锡工作。对旧烙铁头,随着使用时间延长,工作表面不断损耗,表面会变得凹凸不平,如果继续使用会影响焊接质量。这时也应锉去缺口和氧化物,修正成自己所需要的形状。常见烙铁头的形状如下图所示,一般情况下对烙铁头的要求不严格,只是焊接精细器件时最好选用锥形,坡面形的烙铁头使用最广,根据笔者的使用经验,图 1 中右边三类类形状的烙铁头容易焊接。

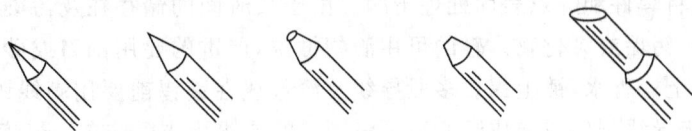

图 1 常见烙铁头形状

二、焊料

常用的焊料是普通焊锡,一种锡铅合金。在锡中加入铅后可获得锡与铅都不具有的特性。锡的熔点为 232℃,铅的熔点为 327℃,根据它们的混合比例不同,可得到不同熔点的几种焊锡,其中铅锡比例为 63：37 的焊锡(称为 63°焊锡),其熔点只有 180℃ 左右,非常便于焊接。所形成的焊点光亮,锡铅合金的特性优于锡铅本身,机械强度是锡铅本身的 2～3 倍,而且降低了表面张力和粘度,从而增大了流动性,提高了抗氧化能力。电路焊接用的焊锡丝做成管状,管内填有松香,称松香焊锡丝,使用这种焊锡丝可以不加助焊剂。

普通焊锡中所含有的铅是一种对人等生物健康有害的重金属,其危害包括神经系统和生育系统紊乱、神经和身体发育迟缓。随着人们对环境保护意识的加强,开始寻求不含铅的焊锡。在焊料中可以替代铅的金属很多,由此推出了多种环保型无铅焊锡,它们的特性有所不同。就焊接温度而言,有高于普通焊锡的,如:低价位的含 99.3% 锡 Sn 和 0.7% 铜 Cu 的焊锡(表示为 $99.3Sn/0.7Cu$),熔点为 $227℃$。工作温度一般为:$235\sim255℃$。高价位的含银无铅焊锡包括 $96.5Sn/3.5Ag$,熔点 $221℃$。$96.0Sn/3.5Ag/0.5Cu$,熔点 $217\sim219℃$。锡/银/铜系统能够达到的最低熔为 $216\sim217℃$。其他合金焊锡还有 $95Sn/5Sb$,熔点 $232\sim240℃$。含 $65Sn/25Ag/10Sb$(摩托罗拉专利),熔点 $233℃$。焊接温度有低于普通焊锡的低温无铅焊锡,如:$52In/48Sn$ 的含铟焊锡,熔点在 $118℃$。$58Bi/42Sn$ 的无铅焊锡,熔点在 $138℃$。同样,电路焊接用的焊锡丝做成管状,管内填有松香,即松香焊锡丝。

三、助焊剂

助焊剂起到帮助焊接的作用,它本身是一种还原剂,焊接时能清除金属表面的氧化膜,促进焊料与金属的粘连。通常使用的有松香和松香酒精溶液。后者是一份松香和 3 份酒精配制而成,焊接效果比前者好,一般预先敷涂在线中板上。另有一种助焊剂是焊油膏,由于它带酸性,对金属有腐蚀作用,在电子线路的焊接中,一般不使用它。如果确实需要它,焊接后应立即将焊点附近清洗干净。

四、焊接技术

对初学者来说,首先要求焊接牢固、无虚焊,因为虚焊会给电路造成严重隐患,给调试工作带来很多麻烦。其次是焊点的形状、大小及表面的粗糙度等。

焊接的三个步骤:

(1) 净化金属表面(被焊接的所有金属面);

(2) 将被焊接的金属表面加热到焊锡熔化的温度;

(3) 把焊料填充到被焊接的金属表面。

焊接前必须将焊件和焊点表面处理干净。由于长时间的储存在及污染等原因,使得焊件表面带有锈迹、污垢或氧化物。轻的可用酒精擦洗,严重的要用刮刀或砂纸磨,直到露出光亮金属后再蘸上松香水,镀上锡。多股导线及漆包线在镀锡前要用剥线钳或其他方法去掉绝缘皮(不要将导线剥伤或造成断股),再将剥好的导线清洁后拧在一起镀锡,镀锡时不要将焊锡粘在绝缘皮上。剥皮的导线长度不可太长,以焊接面的需要量为准。

焊接时一般右手拿电烙铁,左手拿焊锡丝。烙铁头的方向应根据焊件的位置不同而异,以能够同时加热焊件和焊点为准。焊接过程中要保持烙铁头的干净,及时清理其表面的氧化物。

焊接过程如下:先清洁焊件表面,在焊件和焊点上粘上一些松香或涂上松香水,再把电烙铁放在焊件上,一般将烙铁头的锡面靠在引线的裸头一侧,紧接着添上焊锡丝,当适量的焊锡熔化后,立即移开焊锡丝再移开电烙铁。每一个点的焊接时间一般需 1 秒至 4 秒钟,最好能一次焊成。焊接时间太长,元件温升太高,容易损坏元件,焊点发白,甚至造成印刷线路板上的铜箔脱落;焊接时间过短,则焊锡流动性差,容易凝固,使焊点成"豆腐渣"状。

焊点的大小应与电流大小成比例,大电流处焊点要大,小电流处焊点要小,但应避免焊点过大造成与邻近导体相碰。焊接后焊点的形状最好成圆锥形,如图 2 所示,非圆锥形的焊点可能有虚焊存在。好的焊点表面显得光滑发亮。

初学焊接应注意的几个问题：

（1）焊点在冷却过程中，不要晃动焊件，否则容易造成虚焊。

（2）焊接各种晶体管及电容时，最好用镊子夹住被焊管子的引脚，避免温度过高损坏器件。

图2 焊点形状

（3）装在印刷板上的元件尽可能彼此同一高度，元器件引脚不必过长，有利于固定元件。小焊点的焊接部分留 $2\sim3mm$ 长度即可。可以在焊接后剪除多余的元件引脚，也可以剪除过长的元件引脚后再焊。

（4）助焊剂使用不要过量。过多的助焊剂残留在印刷板上，一是影响美观，二是容易引起漏电。因为松香在低温下有良好的绝缘性能，但在高温下容易碳化，碳化后其绝缘能力难以保证，用电烙铁加热过的松香常会出现碳化现象。

在大规模生产的情况下，多采用流水线波峰焊等高效率的焊接方式。

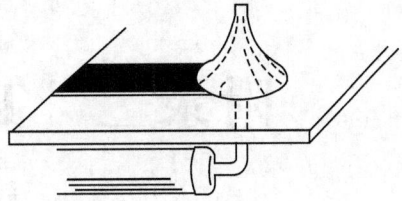

附录二 TDA1521 功放电路的主要参考指标

实际测试数据(参考结果):

a. 电压增益:

	总电压增益	IC$_2$ 电压增益	备注
1	1.46	21.1	
2	8.6	158	示波器显示错误
3	1.2	20	

测试条件:音量电位器居中($-2.5V$);平衡居中($-3.0V$);负载电阻 10Ω。

b. 失真情形况:(电源电压为 $\pm13.5V$)

$V_{OPP} = 2.2 \times 0.5V$ 开始有失真。(输入信号幅度太大引起)

$V_{OPP} = 4.2 \times 2V$ 开始削顶。

$V_{OPP} = 2.3 \times 5V$ 开始削顶。(输入信号有效值控制在 $1V$ 以下,通过调节音量电位器增大输出幅度)

c. 频响特性及音周控制:

整机的最大频度响范围无法测量,因为模拟衰减器在处理高低音时,并非限于衰减,也可以实现提升,频率高低端处的增益会大于中频度处的增益,出现两端上翘的频度响曲线。

最小频响范围(改变高低音电位器处于最大衰减):490Hz~3.5kHz

音调控制 $\begin{cases} \text{折转频率:} f_H = 1.7\text{kHz}; f_L = 1\text{kHz} \\ \text{低音控制能力:100Hz 时,25dB} \\ \text{高音控制能力:15kHz 时,27dB} \end{cases}$

附录三　常用集成电路选编

常用音频功率放大器参数及引脚功能图

	符号	LA4000	LA4001	LA4002	LA4112
电源电压(V)	V_{cc}	6	75	9	9
额定输出功率(W)	P_{Omax}	1	1.5	2.1	2.25
负载阻抗(Ω)	R_L	4	4	4	3.2~8
无信号电流(mA)	I_{CCO}	15	15	15	15
开环电压增益	G_V	70	70	70	68
输入阻抗(Ω)	R_i	20k	20k	20k	20k
谐波总失真(%)	THD	0.5	0.5	0.5	2.0

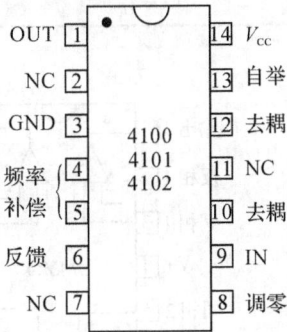

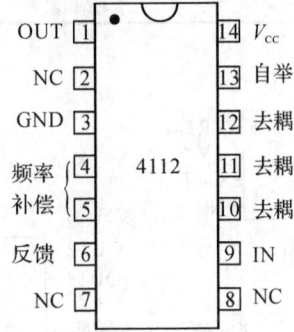

	符号	LM386	TDA2822	TDA2030	TDA1521
电源电压(V)	V_{cc}	15	15	± 28	± 20
额定输出功率(W)	P_{Omax}	1	1.8	12	2×12
负载阻抗(Ω)	R_L	8	8	4	8
无信号电流(mA)	I_{CCO}	5	10	15	20
开环电压增益(dB)	G_V	46	40	90	29
输入电阻(Ω)	R_i	50k	100k	5M	14k
谐波总失真(%)	THD	0.2		0.5	0.5

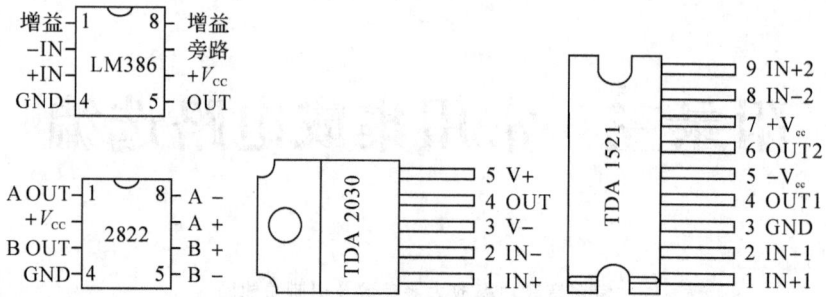

其他常用运算放大器及电压比较器引脚排列图

种　类	代表性型号	引脚图
低电压、低功耗双运放	LM358　MC1458	图 a
高阻双运放	TL062　TL082　LF353	图 a
宽带低噪声双运放	NE5532	图 a
通用四运放	LM324	图 c
低失调单运放	OP07CP	图 d
电压比较器	LM393	图 a
	LM339	图 b

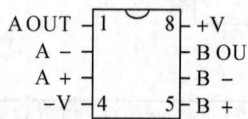

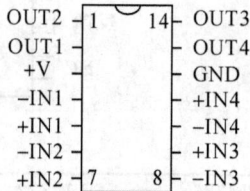

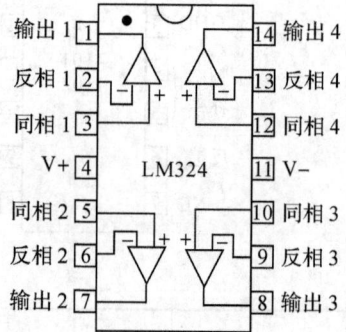

三端集成稳器

　　固定电压输出稳压器:输出正电压的代表器件有 78×× 系列;输出负电压的代表器件有 79×× 系列。

LM7805：

参数名称	单位	测试条件	最小	典型	最大
输入电压	V				35
输出电压	V		4.85	5.0	5.15
输出电流	A			1.0	
静态电流	mA			4.5	6.0
线性调整率	mV	$8V<V_I<25V$ $I_O<200mA$		5.0	60
负载调整率	mA	$5mA<I_O<500mA$		20	60
输出噪声电压	$\mu V/V_O$	$10Hz<f<100Hz$		8	40
纹波抑制比	dB	$9V<V_I<19V$ $I_O=300mA$	59	80	

LM7905：

参数名称	单位	测试条件	最小	典型	最大
输入电压	V				-35
输出电压	V		-4.85	-5.0	-5.15
输出电流	A			-1.0	
静态电流	mA			4.5	6.0
线性调整率	mV	$-25V<V_I<-8V$		5.0	60
负载调整率	mA	$5mA<I_O<500mA$		20	60
输出噪声电压	$\mu V/V_O$	$10Hz<f<100Hz$		8	40
纹波抑制比	dB	$-19V<V_I<-9V$ $I_O=300mA$	59	80	

其他小功率三端稳压器

	78L××	78M××	78N××	79L××	79M××	79N××
最大输出电流	1～100mA	500mA	300mA	1～100mA	500mA	300mA
输出电压误差	±4%～8%			±4%～8%		
输出电压极性	正	正	正	负	负	负

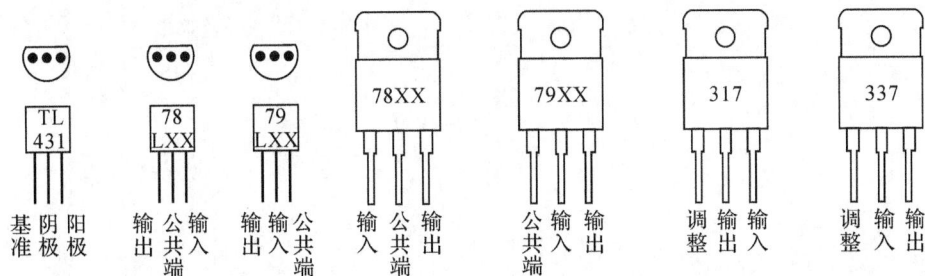

可调电压输出稳压器：输出正电压的代表器件有 LM317；输出负电压的代表器件有 LM337。

LM317:输出电压调节范围为 1.2V～32V

参数名称	单位	测试条件	最小	典型	最大
输入输出电压差	V				40
输出电流限制	A	$3V<V_I-V_O<15V$		1.5	2.2
最小负载电流	mA	$3V<V_I-V_O<32V$		3.5	10
纹波抑制比	dB	$9V<V_I<19V$　$I_O=300mA$		66	80

LM337:输出电压调节范围为-1.2V～-32V

参数名称	单位	测试条件	最小	典型	最大
输入输出电压差	V				−40
输出电流限制	A	$-15V<V_I-V_O<-3V$		−1.5	−2.2
最小负载电流	mA	$-32V<V_I-V_O<-3V$		3.5	−10
纹波抑制比	dB	$-19V<V_I<-9V$　$I_O=300mA$	59	80	

　　TL431 是性能良好的基准电压源器件,电路符号如右图。阴极与阳极之间加上电压后,其基准极与阳极之间电压恒定为 2.5V,最高工作电压可以加至 36V,而静态工作电流只有 0.5mA。

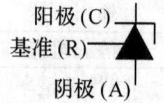

阳极 (C)
基准 (R)
阴极 (A)

附录四　半导体器件型号命名及常用三极管

国内半导体器件型号命名法

第一部分		第二部分		第三部分				第四部分	第五部分
用数字表示器件的电极数目		用汉语拼音字母表示器件材料和极性		用汉语拼音字母表示器件的类型				用数字表示器件的序号	用汉语拼音字母表示器件的规格
符号	意义	符号	意义	符号	意义	符号	意义		
2	二极管	A B C D	N 型锗材料 P 型锗材料 N 型硅材料 P 型硅材料	P W Z L	普通管 稳压管 整流器 整流堆	A D G X	高频大功率管 低频大功率管 高频小功率管 低频小功率管		
3	三极管	A B C D	PNP 型锗材料 NPN 型锗材料 PNP 型硅材料 NPN 型硅材料	K B N V	开关管 雪崩管 阻尼管 微波管	CS Y JG U	场效应器件 体效应器件 激光器件 光电器件		

日本半导体器件型号命名法

第一部分		第二部分		第三部分		第四部分	第五部分
用数字表示器件的类型				用音字母表示器件的极性及类型		用两位以上的数字表示登记的顺序号	用字母表示对原来型号的改进产品
符号	意义	符号	意义	符号	意义		
0	光电器件	S	表示已在日本电子工业协会（EIAJ）注册登记的半导体分立器件	A B C D F G J K	PNP 型高频管 PNP 型低频管 NPN 型高频管 NPN 型低频管 P 控制极可控硅 N 控制极可控硅 P 沟道场效应管 N 沟道场效应管		
1	二极管						
2	三极管或具有 2 个 PN 结的其他晶体管						

常用小功率三极管主要参数及引脚排列

型号	I_{CM}/mA	P_{CM}/mW	$V_{(BR)CEO}$/V	f_T/MHz	类型	引脚
3DG6C	20	100	20	≥250	NPN	TO-18
3DG130B	300	700	50	≥100	NPN	TO-18
C9011	100	200	40	≥150	NPN	TO-92a
C9012	300	600	30	≥150	PNP	TO-92a
C9013	300	600	30	≥150	NPN	TO-92a
C9014	30	300	45	≥150	NPN	TO-92a
C9015	50	300	45	≥100	PNP	TO-92a
C8050	300	600	15	≥700	NPN	TO-92a
C8550	300	600	15	≥700	PNP	TO-92a
2SA1020	1500	900	50	≥100	PNP	TO-92b
2SC2500	2000	900	30	≥100	NPN	TO-92b
2SC2655	2000	900	60	≥100	NPN	TO-92b

常用高频专用管

型号	I_{CM}/A	P_{CM}/W	$V_{(BR)CEO}$/V	f_T/MHz	类型	引脚
3DG56A	15m	0.1	20	500	NPN	TO-18
2SC945	0.1	0.7	50	250	NPN	TO-92b
C9018	0.1	0.1	12	700	NPN	TO-92a
C3355	0.1	0.1	20	6500	NPN	TO-92b
LP1001	0.1	0.1	30	4GHz	NPN	TO-92a
2SA733	0.1	0.1	50	180	PNP	TO-92a
C1971	2	7	35	175	NPN	TO-220(b)
C1972	3.5	15	35	175	NPN	TO-220(a)

常用大功率三极管主要参数及引脚排列

型号	I_{CM}/A	P_{CM}/W	$V_{(BR)CEO}$/V	类型	引脚
3DD15	3	15	120	NPN	TO-d
2SB649	1.5	1	180	PNP	TO-126(a)
2SD669	1.5	1	180	NPN	TO-126(a)
2S A1491	10	100	140	PNP	TO-247
2S C3855	10	100	200	NPN	TO-247
2S A1492	15	130	180	PNP	TO-247
2S C3856	15	130	200	NPN	TO-247
2SA1943	25	150	200	PNP	TO-b
2SC5200	25	150	200	NPN	TO-b
2SC2335	7	40	500	NPN	TO-220
2SC2625	10	80	450	NPN	TO-a

型号	I_{CM}/A	P_{CM}/W	$V_{(BR)CEO}/V$	类型	引脚
2SC4883	7	60	500	NPN	TO-220
2SC4927	8	60	500	NPN	TO-220
BUT11A	5	100	900	PNP	TO-220
JE13003	3	10	500	NPN	TO-126(a) TO-126(b)
JE13005	5	20	500	NPN	TO-220
BU406	7	60	400	PNP	TO-220(a)
BU408	7	60	400	NPN	TO-220
BU508	7.5	75	1500	PNP	TO-220

三极管外形及引脚排列

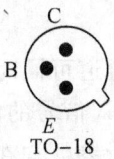

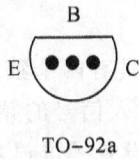

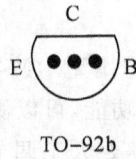

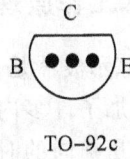

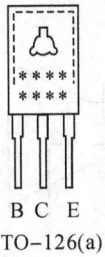

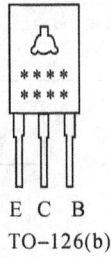

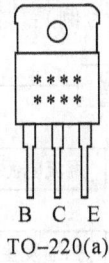

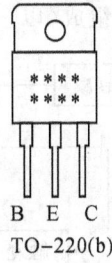

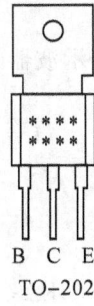

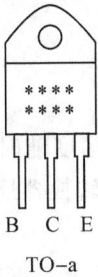

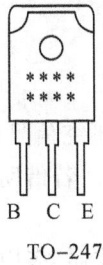

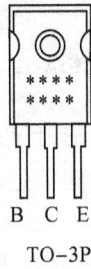

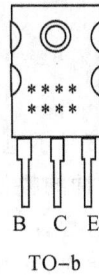

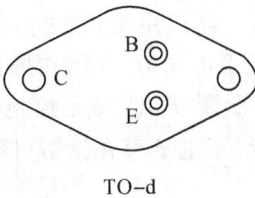

TO-18   TO-92a   TO-92b   TO-92c

B C E   E C B   B C E   B E C   B C E
TO-126(a)   TO-126(b)   TO-220(a)   TO-220(b)   TO-202

B C E   B C E   B C E   B C E
TO-a   TO-247   TO-3P   TO-b

TO-d

附录五　常用仪器说明

附录 5-1　GOS-6021 型二踪示波器

一、概述及基本工作原理

GOS-6021 型二踪示波器是一种通用型示波器,它具有两个独立 Y 通道可同时测量二个信号。该示波器增加了许多内测量功能,可以测量输入信号的频率、输入信号的电压(需要人工调节)、可以测量横向的时间(需要人工调节)。设置了屏显功能,所参数均在屏幕上进行显示。

电子示波器的基本组成(以一个通道为例):

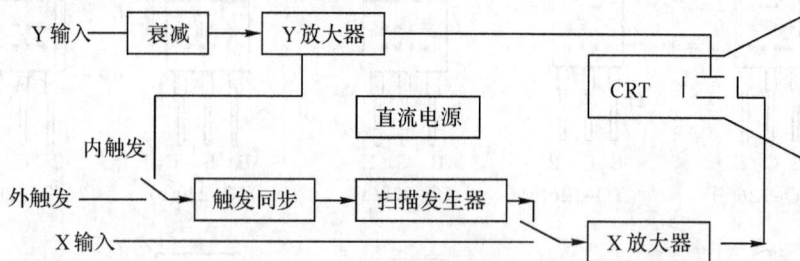

图 A-1-1

由于电子示波器直接显示电信号的波形,可以用来研究信号的瞬时幅度随时间的变化关系,也可以用来测量脉冲的幅值、上升时间等过渡特性。若借助于各种转换器还可以用来观测各种非电量的变化过程。

电子示波器的种类很多,按功能不同可分为通用示波器、多用示波器、逻辑示波器、数字示波器等。

示波器的核心部件是示波管,亦称阴极射线管(CRT)。其作用是:通过产生扫描电子束,独立控制水平方向扫描和垂直方向扫描,将电信号变成平面图形,显示在屏幕上。示波管的荧光屏上涂有荧光粉,它受到电子轰击后,形成亮点。所谓"辉度"就是控制电子束的轰击能量,改变亮点的亮度;所谓"聚焦",就是通过电子透镜纠正电子束在发射过程中的发散现象,使其到达屏幕时会聚在很小的一点上。

1. 波形的显示原理:

示波管内有电子束的水平偏转极板和垂直偏转极板,电子束在 v_X 与 v_Y 作用下运动,电子束到达荧光屏时的位置取决于加在偏转极板上的电压。偏转板上不加电压时（$v_Y = v_X = 0$），则光点出现在屏幕的中心位置，不产生任何偏转。

（1）若仅在垂直偏转上加电压 $v_Y = V_m \sin\omega t$，而水平偏转板上的电压 $v_X = 0$，则光点仅在垂直方向随 v_Y 变化而偏转，轨迹为一条垂直线，其长度正比于的峰峰值。反之，$v_Y = 0$，$v_X = V_m \sin\omega t$，则荧光屏上显示一条水平线。

（2）若 $v_Y = v_X = V_m \sin\omega t$，则电子束同时沿 X 轴、Y 轴方向运动，其轨迹为一条斜线。

（3）若 $v_Y = V_m \sin\omega t$，而 X 偏转板上加一个与 v_Y 周期相同的理想锯齿波电压 v_X，则在荧光屏上可真实地显示 v_Y 的一周波形，如图 A-1-2 所示。因为锯齿波电压 v_X 的正程是一个随时间作线性变化的电压（$v_X = Kt$），这样使荧光屏的 X 轴就转换成了时间轴（$t = v_X/K$），则 $v_Y = V_m \sin\omega v_X/K$，$v_Y$ 与 v_X 之间是一个正弦关系。当 $v_Y = 0$，仅在 X 轴加上理想锯齿波电压，将在荧光屏上显示一条水平线（称为零线或时基线）。若确定 v_X 的峰峰

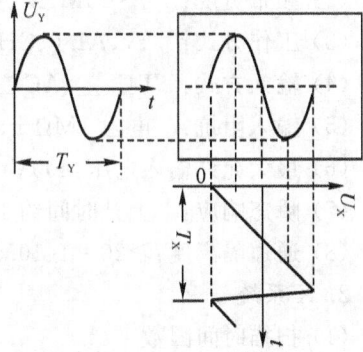

图 A-1-2

值，改变 K 值，就可改变 X 轴所代表的时间长短，从而测量不同频率的信号或在屏幕上显示波形的不同周数。

2. 同步的概念：

一般示波器的扫描速度很快，一个波形要重复扫描很多次才能看清。对于一个稳定的波形，每次扫描的位置必须完全一至。否则，若各次扫描的波形位置不重叠，则荧光屏上看到的波形不是左右移动，就是模糊一片。为此，要保证每次扫描的起始点都对应信号电压 v_Y 的相同相位点上，这种过程称为"同步"。

示波器中，通常利用被测信号 v_Y（或用与 v_Y 相关的其他信号）去控制扫描电压发生器的起振时刻，以实现"同步"。同步信号（触发信号）可以取自示波器内部，也可以从外部输入。

1. 连续扫描与触发扫描

连续扫描的特点是：即使没有外加信号，在荧光屏上也能显示一条时基线。实质是扫描电压为不间断的周期性锯齿波电压。

触目惊心发扫描的特点是：只有在外加信号（称为触发信号）的作用下，扫描发生器才能工作，荧光屏上才有时基线，反之无触发信号，荧光屏上无扫描线。也就只有在触发信号作用下，内部才有锯齿波电压产生。

2. 原理框图中各有关部分的作用

扫描发生器用于产生锯齿波电压——时基信号。触发同步电路的作用是实现同步，稳定波形。步进衰减器就是灵敏度粗调控制开关，其作用是：输入幅度较大的信号时，先衰减到一定的幅值，使荧光屏上波形不至于过大而失真。放大器是将信号放大到偏转极板所需要的电压值。

二、主要技术指标

1. Y 系统

(1) 偏转因数

1mV～20V/div,按 1-2-5 进制分为十档,误差不超过 5％(当微调处于校准位置)。

(2) 频带宽度: 0～20MHz   —3dB

(3) 工作方式: Y_1、ALT、CHOP、ADD、Y_2

(4) 输入方式: DC、⊥、AC 三种

(5) 输入阻抗: 电阻 1MΩ±5％,电容 27±5PF。

(6) 最大允许输入电压:400V (DC＋ACp)

(7) 瞬态响应: 上升时间约 17.5nS

(8) 通道隔离度:≥20:1(10MHz)

2. X 系统

(1) 扫描时间因数

0.2μS/div～0.5S/div,按 1-2-5 进制,共分十八档级,各档误差不超过 5％(当微调处于校准位置)。

(2) 扫描触发方式: 自动(AUTO)、触发(NORM)、X—Y、外 X

(3) 扫描线性度误差: ≤10％

(4) 触发(同步)方式

触发(同步)源: Y1、Y2、内、外

触发(同步)极性:＋、—

触发(同步)方式:自动、触发

(5) 触发(同步)阀值及频率范围

方式	耦合	频率范围	触发(同步)值	
			内	外
触发	AC	20Hz～2MHz	2.0div	0.2V
		2MHz～20MHz	3.0div	0.8V
自动	AC	20Hz～2MHz	0.5div	0.2V
		2MHz～20MHz	1.5div	0.8V

(6) 外触发最大输入电压:20V(DC＋ACp)

3. X—Y 方式: X—Y_1,X—Y_2

偏转因数范围: 1mV/div～20V/div,误差不超过±5％

频带宽度: DC～500kHz   —3dB

相位差: ≤3°(10kHz)

4. 其他

(1)校准信号: 方波   1kHz $0.2V_{P-P}$

(2)电源和功率: 220V/110V±10％   50Hz±5％   30VA

(3)预热时间: 15min

三、面板结构

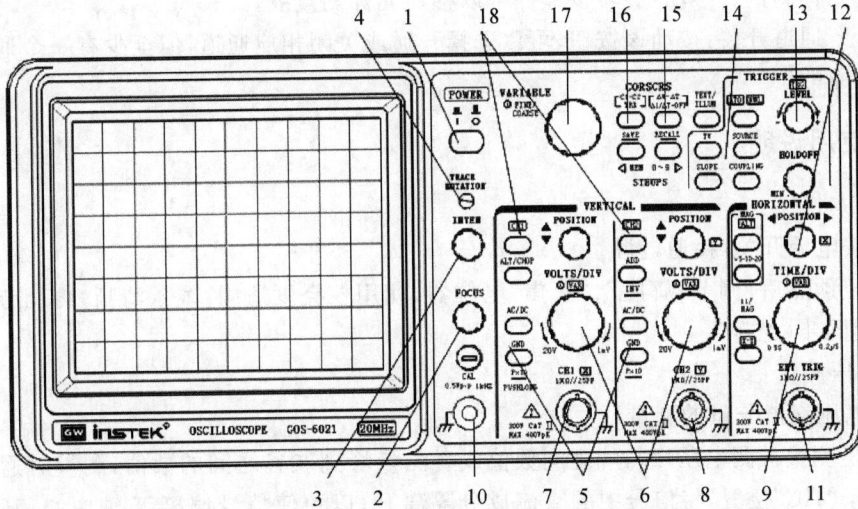

GOS - 6021 前面板

图 A-1-3　GOS-6021 示波器面板图

(1) 电源开关:按入接通。

(2) 聚焦:调节聚焦可使光点圆而小,线条清晰。

(3) 辉度:控制荧光屏光迹的明暗程度。

(4) 光迹旋转:使用权基线和水平坐标平行。

(5) Y 输入选择开关:实现交流耦合、接地、直流耦合。

(6) Y 偏转因数开关:改变输入偏转因数,5mV～5V/div,按 1-2-5 进制分为十档级。

(7)、(8)Y 输入插座:作为被测信号的输入口。

(9) 扫描因数开关:控制扫描速度,从 $0.5\mu S/div$～$0.2S/div$,按 1-2-5 进制,共分十八档级。

(10) 仪器接地端。

PULL×10:使水平放大器的放大量提高 10 倍,相应地也使用权扫描速度及水平偏转灵敏度提高 10 倍。

(11) 外触发输入插座。

(12) X 方向移位:控制光迹在荧光屏 X 方向的位置。

(13) 触发电平调节:旋转触发电平调节电位器可以改变触发电平值,触发点将自动处于被测波形的中心电平附近。

(14) 触发方式选择开关:

＋:利用上升沿触发,测量正脉冲前沿及负脉冲后沿宜用＋

－:利用下降沿触发,测量负脉冲前沿及下脉冲后沿宜用－

内:指内部触发,触发信号来自 CH_1 或 CH_2 放大器。

外:外部触发,触发信号来自外触发输入。

（15）光标测量类型选择：横向测量—纵向测量—关闭测量循环选择。

（16）光标测量线移动选择：第一线移动—第二线移动—全移动循环选择。

（17）光标测量线移动：旋转该部件可以移动光标测量线。

（18）Y 通道开关：按动该按钮，可以选择开通或关闭相应通道，但至少有一个通道是开通的。

四、使用说明

1．基本操作：

（1）按电源开关，接通电源。

（2）经预热后，调节"辉度"、"聚焦"电位器，使用权亮度适中，线条清晰，再调节触发电平，使波形同步（稳定）。

2．电压测量：

（1）电压交流分量的测量

一般是测量被测电压峰与峰之间数值或者测量峰到波谷之间的数值，测量时通常将输入选择置于"AC"位置，将信号中的直流成分隔离开，以免使信号偏离 Y 轴中心，甚至使测量无法进行。当测量频率低的交流分量时，应置于"DC"位置，否则因频响的限制，产生失真的测试结果。测量步骤如下：

a．垂直系统的输入选择开关置于"AC"，"V/div"档级开关和"t/div"开关根据被测信号幅度和频率选择适当的档级，并将被测信号直接或通过 10∶1 探极输入仪器的 Y 输入端，调节"触发电平"使波形稳定。

b．根据屏幕上的刻度，读出显示信号的峰—峰值的格数，再乘以偏转因数 V/div，即为电压峰—峰值 V_{P-P}。如波形显示的高度为 2 格，仪器档级标称值为 0.1V/div，则被测信号的峰—峰值应为 $V_{P-P}=0.1\times2=0.2V_{P-P}$。若 Y 输入端使用 10∶1 的衰减探极，则被测信号的峰—峰值应为 $V_{P-P}=0.1\times2\times10=2V_{P-P}$。

（2）直流电压的测量

垂直系统的输入选择开关置于"DC"，"V/div"档级开关根据被测信号的幅度选择适当的档级，将触发选择置于"自动"。此时将显示一条水平基线，记住当时基线所处的位置。

将被测信号直接或通过 10∶1 探极输入仪器的 Y 输入端，水平亮线的位置将会发生变化，读出变化的刻度数，再乘以偏转因数 V/div，即为被测直流电压值。

（3）电压瞬时值的测量

不论被测电压呈现何种电压波形，都可以从显示的波形图上直接读取任意时刻的电压值。

3．时间测量：

将被测信号的波形控制稳定，在 X 轴上选取合适的两点，读出该两点之间的距离格数，再乘以 X 轴的偏转因数"t/div"，即为被时间 t。

其他常用示波器前面板的布局

YB4235 型示波器前面板图：

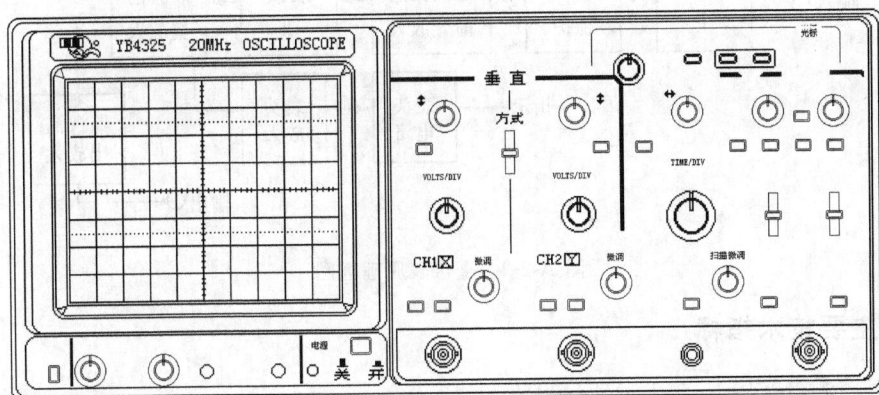

XJ4328 示波器面板图

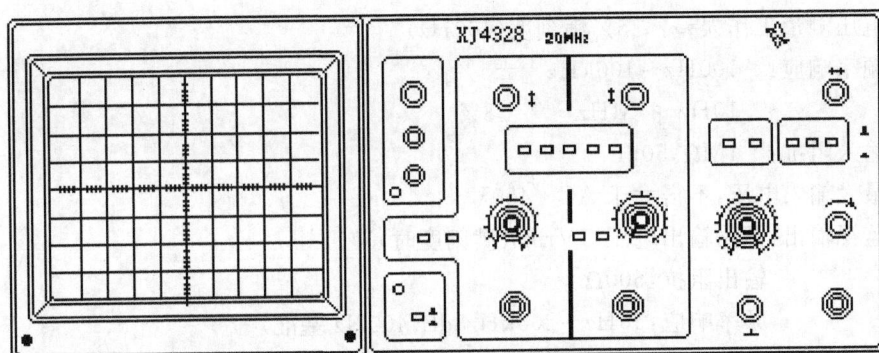

附录 5-2　DF2173B 交流电压表
（晶体管毫伏表）

一、概述及基本工作原理

本仪器为单通道通用型毫伏表，适用于 0.1mV～300V、10Hz～1MHz 交流信号电压有效值的测量。

仪器由输入衰减Ⅰ、输入保护电路、阻抗变换器、前置放大器、衰减器Ⅱ、表头前置放大器、表头电路、监视输出放大器和稳压电源组成。

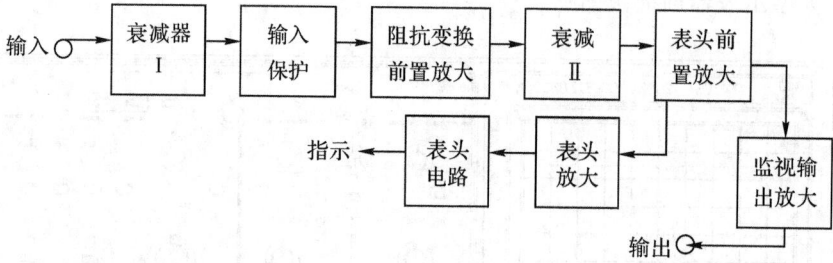

图 A-2-2 毫伏表原理框图

二、主要技术指标

1. 电压测量范围： 0.1mV～300V

2. 电压刻度： 1、3、10、30、100、300mV

   1、3、10、30、100、300V

3. 电压测量工作误差：≤5％满刻度(400Hz)

4. 频率响应： 100Hz～100kHz ±5％

   10Hz～1MHz ±8％

5. 输入阻抗： 1MΩ,50pF

6. 最大输入电压:不得大于 AC 450V

7. 监视输出:开路输出电压:1Vrms(满刻度时)5％

   输出阻抗:600Ω

   频率响应:50Hz～200kHz3dB(400Hz 基准)

   失真系数:小于 3％

8. 电 源： 220V±10％ 50±2Hz

三、面板结构及使用说明

① 表头

② 机械零位调整

③ 电源开关

④ 量程开关

⑤ 电源指示灯

⑥ 输入口

⑦ 监视输出正端

⑧ 监视输出负端

使用说明：

1. 通电前,先调整电表指针的机械零位。

2. 接通电源,按下电源开关,仪器。即可工作,为了保证性能稳定,可预热十分钟后使用。开机后数秒钟内指针无规则摆动数次是正常的。

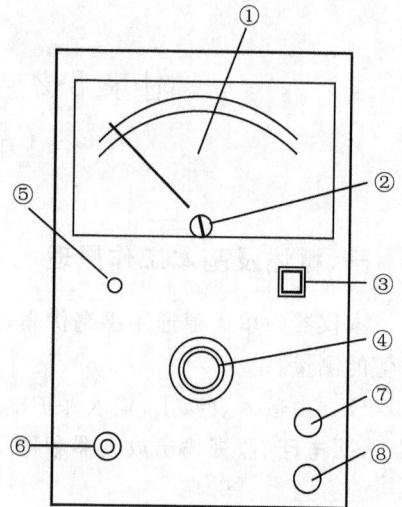

图 A-2-2

3. 先将量程开关置于适当量程,再加入测量信号。若测量电压未知,应将量程开关置最大档,然后逐级减小量程。

4. 读数:表头示数刻度分作两组,第一组以"1"为满度,第二组以"3"为满度。当里程开关转至与"1"相关的档位,如"10"、"100"、"0."1 档位时,读第一组刻度示数;当里程开关转至与"3"相关的档位,如"30"、"0.3"档位时,读第二组刻度示数。

5. 扩展使用:当输入电压在任何一量程档指示为满度时,被监视输出端的输出电压为1Vrms。监视输出功能可作放大器使用。

6. 被测量的频率不应超过 20Hz~1MHz 的范围。

附录 5-3 DF1642B 型信号发生器

一、概述及基本工作原理

DF1642B 型数字函数信号发生器是一种小型的,由专用集成电路与半导体管构成的便携式通用数字信号发生器,其函数信号有正弦波、方波、三角波、脉冲和锯齿波等五种不同波形。其输出可以是纯交流信号,也可以加直流偏置,具有 TTL 电平的同步信号输出。除此以外能对外输入信号计数,作频率计使用。其频率测量范围为 10Hz~100MHz。

函数信号发生器采用恒流源充放电的原理来产生三角波,同时产生方波,改变充放电流值,就可得到不同频率的信号,当充电与放电电流值不相等时,原先的三角波可变成各种不同频率的锯齿波,同时方波变成各种占空比的脉冲。

另外,将三角波通过波形变换电路,就产生了正弦波。然后正弦波、三角波(锯齿波)、方波(脉冲)经函数开关转换由功率放大器放大后输出。

频率计数器由放大器和门电路,分频、计数、显示等电路组成。

二、主要技术指标

3. 函数信号频率范围和精度

频率范围:分七个频率档级

0.6Hz—6Hz

6Hz—60Hz

60Hz—600Hz

600Hz—6kHz

6kHz—60kHz

60kHz—600kHz

600kHz—6MHz

频率精度:	±(1 个字±时基精度)
正弦波失真度	10~30Hz,<3%
	30Hz 以上至 100kHz≤1%
方波响应	前沿/后沿≤50nS
同步输出	幅度:≥3V$_{P-P}$ 前沿:tr≤25nS

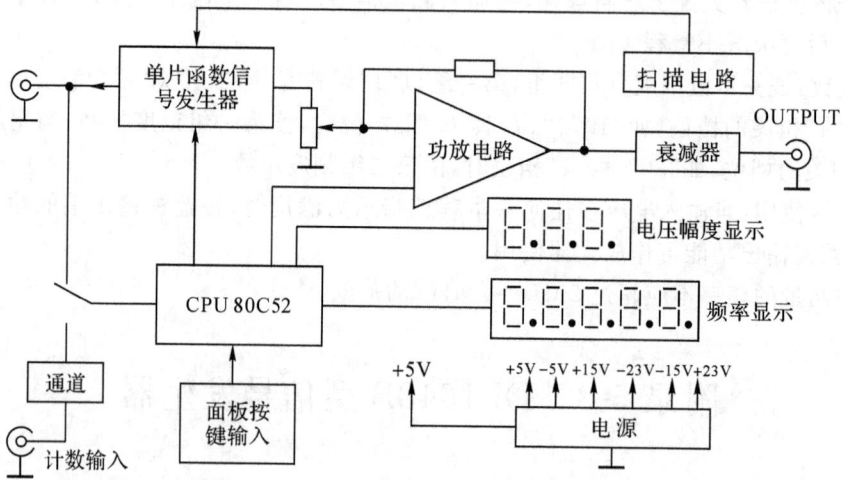

DF1642B型信号源组成框图

最大输出幅度　　1MHz 以下≥20V$_{P-P}$　　　1MHz～2MHz≥16V$_{P-P}$

最大直流偏置　　±10V

输出阻抗　　　　50±5Ω

占空比　　　　　10%～90%

压控振荡　　　外加直流电 0～5V 变化时，对应频率变化大于 100：1

4．计数器指标

计数输入频率　　　10Hz～100MHz

计数输入灵敏度（衰减器置 0dB）

正弦波：10Hz～10MHz≥30mV

　　　　10MHz～100MHz≥60mV

最大计数电压幅度

衰减置"0dB"　　　正弦波输入为 1V

衰减置"30dB"　　　正弦波输入为 5V

频率计输入阻抗　　　电阻 500kΩ　　　电容 100P

三、结构特征

前面板布局见图 A-3-1，面板上的各控制钮的名称和作用为

1．电源开关/幅度调节（POWER/AMPLITUDE）

2．函数类型选择按钮（FUNCTION），正弦波、锯齿波、三角波循环选择。

3．频率分档调节按钮（RANGE），在七个频段里循环调整。

4．输出信号频率连续调节钮。

5．频率值指示窗。

6．频率单位指示。

7．信号输出口。

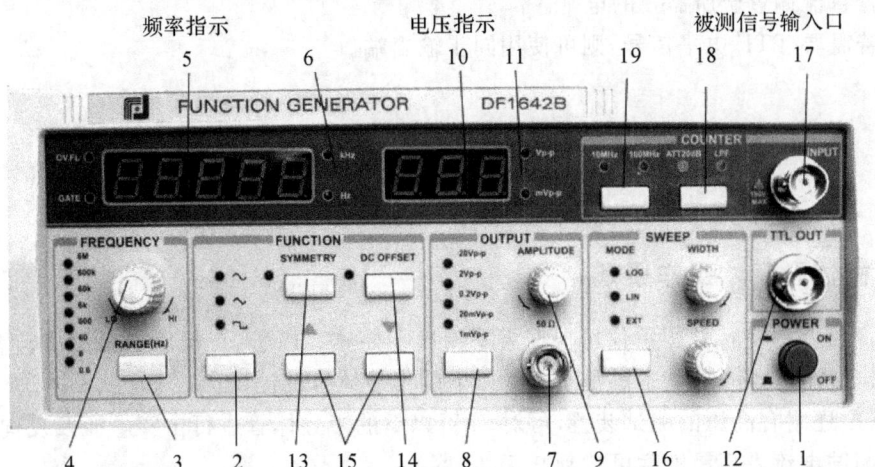

频率指示　　　　电压指示　　　　被测信号输入口

图 A-3-1　DF1642B 前面板图

8. 信号输出电压分档调节按钮。

9. 信号输出电压连续调节钮。

10. 输出信号电压峰一峰值指示窗。

11. 输出电压单位指示。

12. TTL 电平输出口。提供一个与 TTL 电平兼容输出信号,它不受函数开关及幅度控制器的影响,输出频率与数码管显示一致。

13. 占空比调节开关,用于调节脉冲波、锯齿波的占空比,指示灯亮时为可调节,占空比范围 10%～90%,指示灭时占空比为 50%。

14. 输出直流偏置电压调节开关。指示灯亮时输出直流电压,指示灭时无直流电压输出。

15. 占空比或直流电平调节按钮。

16. 扫频方式调节,非扫频、线性扫频、指数扫频三者间循环。

17. 被测信号输入口。

18. 被测信号输入衰减。

19. 频率测量范围选择按钮,"10MHz－100MHz－内测"三者间转换。

四、使用说明

1. 接通电源,待预热 10 分钟后仪器就能稳定工作。

2. 根据需要选择信号种类,若选择锯齿波或脉冲,应调节适当的占空比。

3. 频率调节:先置频率于所需的档级,然后连续调节频率细调旋钮,直到频率符合要求为止(注意:频率细调旋钮快速旋转时为快速调节,要进行缓慢调节时应该缓慢旋转频率细调旋钮),以频率指示窗的值为准。

4. 信号幅度调节:先置信号幅度于所需的档级,然后连续调节电压细调旋钮,直到电压值符合要求为止。输出电压值可以参考电压指示窗的示数,但要注意此批示值并非真正的电压值。

5. 置直流偏置于所需要的电平。

6. 若需要 TTL 电平信号,则可使用同步输出端。

附录 5-4　QT-2 晶体管特性图示仪

一、概述及基本工作原理

QT-2 型晶体管特性图示仪可根据需要测量半导体二极管、三极管的低频直流参数,最大集电极电流可达 50A,基本满足 500W 以下的半导体管的测试。

仪器中还附有高压的测试装置,可对 3kV 以下的半导体管进行击穿电压及反向漏电流测试,其测试电流最高灵敏度可达到 $0.5\mu A/$度。

本仪器所提供的基极阶梯信号还具有脉冲阶梯输出,因此可扩大测量范围及对二次击穿特性的测量。

QT-2 型晶体管特性图示仪可将低频特性曲线完整地显示在荧光屏上。从示波管上显示晶体管特性曲线可以采用图 A-4-1 所示电路。由图示仪内部的交流电全波整流后,作为晶体管的工作电源,兼作扫描信号,给被测晶体管一个合适的工作状态(外部可控),然后将两个部分的电压、电流变化情况转到示波系统中显示出来。由于示波系统直接显示电压的变化,所

图 A-4-1　特性图示仪示意图

以电压参数可直接输送,而对电流参数的显示,采用电阻串入被测电流支路中,在电阻上得到与电流成正比的电压,再显示出来。

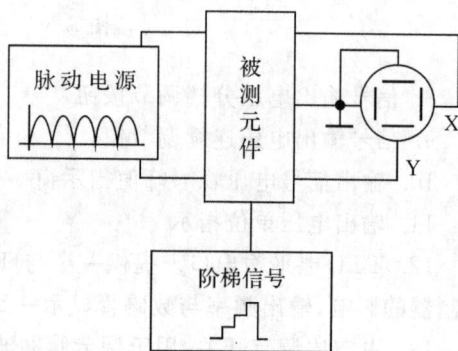

二、主要技术指标

(一)集电极扫描电源

1. 输出电压与档级　0~10v　　　　　正或负连续可调

　　　　　　　　　　0~50V　　　　　正或负连续可调

　　　　　　　　　　0~100V　　　　正或负连续可调

　　　　　　　　　　0~500V　　　　正或负连续可调

2. 输出电流容量　　0~10V　　　　　20A　(平均值)

　　　　　　　　　　0~50V　　　　　10A　(平均值)

　　　　　　　　　　0~100V　　　　5A　(平均值)

　　　　　　　　　　0~500V　　　　0.5A(平均值)

3. 功耗限制电阻　　0~100kΩ 按 1、2、5 进制分 20 档级,各档级电阻值误差应不大于 10%。

4. 整流方式　　　　全波

5. 正负极性控制方式：按 NPN, PNP 的需要与阶梯极性及位移联动控制。

二极管测量装置具有下列性能及指标：

6. 输出电压　　　　0～3kV　　　　　　正向连续可调。

7. 输出电流容量　　最大为 5mA

8. 整流方式　　　　半波

隔离极电压具有下列性能及指标：

9. 输出电压　　　　0～12V　　　　　正或负连续可调或接地

10. 输出波形　　　　直流

（二）基极阶梯信号

1. 阶梯电流范围　　1μA/级～200mA/级。按 1、2、5 进制分 17 档级，各档级误差不大于 5%。

2. 阶梯电压范围　　0.05V/级～1V/级。按 1、2、5 进制分 5 档级，各档级误差应不大于 5%。

3. 串联电阻　　　　0～1MΩ。按 1、2、5 进制分 20 档级，各档级电阻误差应不大于 10%

4. 阶梯波形　　　　分正常（100%）及脉冲二档，脉冲阶梯空度比调节范围约为 10～40%。

5. 每族级数　　　　0～10 级，连续可调。

6. 每秒级数　　　　100 或 200 级。

7. 阶梯作用　　　　分"正常"、"关"、"单次"三档级。

8. 阶梯输入　　　　分"正常"、"零电压"、"零电流"三档级。

9. 阶梯极性　　　　分正、负二档，按 NPN, PNP 的需要与集电极电压极性及位移联动控制，或正常、倒置进行单独极性选择。

（三）Y 轴偏转因数

1. 集电极电流范围(I_C)1μA/度～5A/度。按 1、2、5 进制分 21 档级，各档误差应不大于 3%。

2. 二极管电流范围(I_D)1μA/度～500μA/度，按 1、2、5 进制分 9 档级，各档误差应不大于 3%。

3. 集电极及二极管电流倍率×0.5，误差不大于 10%。

4. 基极电流或基极源电压　0.1V/度，误差不大于 3%。

5. 外接输入灵敏度 20mV/度，误差不大于 3%。输入阻抗 1MΩ。

（四）调铀偏转因数

1. 集电极电压范围(V_C)10mV/度～50V/度。按 1、2、5 进制分 12 档级。各档误差应不大于 3%。

2. 二极管电压范围(V_D)100V/度～500V/度。按 1、2、5 进制分 3 档级。各档误差应不大于 10%。

3. 基极电压范围(V_{BE})10mV/度～1000mV 度。按 1、2、5 进制分 7 档级，各档误差应不大于 3%。

4. 基极电流或基极源电压　0.1V/度，误差不大于 3%。

5. 外接输入灵敏度 20mV/度, 误差不大丁 30%。输入阻抗 1MΩ。

三、面板结构

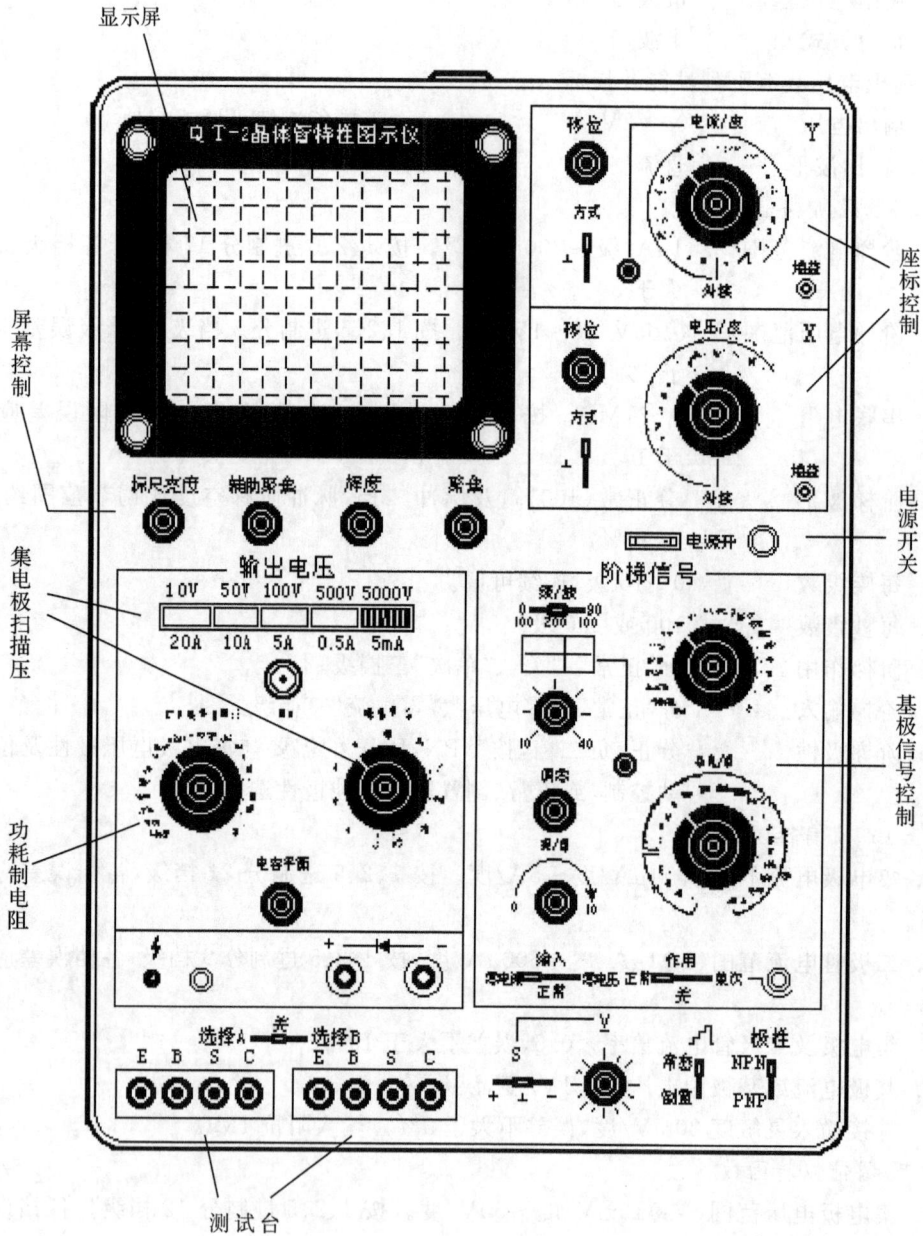

图 A-4-2

四、使用方法说明

（一）测试前的注意事项

为了保证被测管及仪器内部电路的安全，在使用仪器前应注意下列事项。

1. 了解对被测管的主要直流参数，特别要了解该被测管的集电极最大允许耗散功率 Pcm，集电极对其他极的最大反向击穿电压如 V_{CEO}，V_{CBO}，V_{CER}，集电极最大允许电流 Icm 等主要指标的大概值，以选择合适的注入电流或电压。

2. 在测试前首先将极性与被测管所需要的极性相同即选择 PNP 或 NPN 的开关置于规定位置，这样基本上确定了被测管的集电极电压极性，阶梯极性，以及测量象限。

3. 将集电极电压输出按其输出电压不应超过被测管允许的集电极电压，一般情况下将峰值电压旋至零，输出电压按至合适的档级，并将功耗限制电阻置于一定的阻值，同时将 X、Y 偏转开关置于合适的档级，此档级以不超过上述几个主要直流参数为原则（实际上 X、Y 偏转开关并不直接影响被测管，但由于所选择的位置相差过远，会不易觉察某些特性已大大超过允许值而导致被测管损坏）。

（二）测试前的开机与调节

1. 开启电源　将电源开关向右方向按动，此时白色指示灯即发光亮，待预热十分钟后立即进行正常测试。在必要时测量进线电压以在 $220V\pm10\%$ 的范围内为宜。

2. 调节辉度聚焦、辅助聚焦及标尺亮度，将示波管会聚成一清晰的小光点，标尺亮度以能清晰满足测量要求为原则。

3. Y、X 移位　对 Y、X 移位旋钮置于中心位置，此时光点应根据 PNP、NPN 开关的选择处于左下方或右上方。再调节移位旋钮使其在左下方或右下方实线部分的零点。

4. 对 Y、X 校准　将 Y、X 灵敏度分别进行 10 度校准，其方法将 Y（或 X）方式开关自"⊥"至"校准"，此时光点或基线应有 10 度偏转，如超过或不到时应进行增益调节。

5. 阶梯调零　阶梯调零的原理即将阶梯先在示波管上显示，然后根据放大器输入端接地所显示的位置，再调节调零电位器使其与放大器接地时重合即完成调零。

调节方法首先将 Y 偏转放大器置于基级电流或其极源电压档级，X 偏转放大器置于 V_c 的任意档级，将测试选择置于"NPN"，阶梯置于"常态"，阶梯幅度/级置于电压/级的任何档级，集电极电压置于任意档级使示波管显示电压值，此时即能调零使第一根基线与 Y 偏转放大器"⊥"时重合即完成了调零步骤。

6. 电容性电流平衡　在要求较高电流灵敏度档级进行测量时，可对电容性电流进行平衡，平衡方式将 Y 偏转放大器置于较高灵敏度档级使示波管显示电容性电流，调节电容平衡旋钮使其达到最小值即可。

7. 集电极电压检查　在进行测量前应检查集电极电压的输出范围，检查时将 V，置于相对应档级，当发现将峰值电压顺时针方向最大时，其输出在规定值与大于 10% 之间即正常，如超过或小于上述规定请检查进线电压。（此时功耗限止电阻应等于 0。）

（三）反向击穿电压测试

本仪器可进行下列各种反向击穿电压测试，测试定义见有关半导体测试标准。

1. 根据被测管的极性选择 PNP、NPN 位置，当置于"PNP"位置集电极电压为（－）极性、当置于"NPN"位置集电极电压（＋）极性。

2. 被测管的 C B E 按实际需要进行连接。

3. 零电压、零电流的阶梯输入开关按规定的方法进行连接。选择正确的开路(零电流)或短路(零电压)。

4. Y 偏转放大器的电流/度开关置于较灵敏档级,一般置于 $100\mu A$/度档级。或根据要求置于要求档级。

5. X 偏转放大器的电压/度置于 V_C 合适的档级(视被测管的特性及集电极电压输出值)。

6. 将功耗限制电阻置于较大档级,一般置于 $10\sim100k\Omega$ 之间的任意档级。

7. 根据被测管所在 A、B 位置,选择测试 A 或测试 B 的位置。

8. 集电极电压置于合适的档级,峰值电压为零,当测试时再按顺时针方向逐渐加大输出电压。

(四)各种特性曲线测试

V_{CE}—I_C 特性测试

1. 根据集电极基极的极性将测试选择开关置于 NPN(此时集电极电压,基极电压均为正)或 PNP(此时集电极电压,基极电压均为负),并将"阶梯"开关置于常态。如基极需要反相时可置于"倒置"。

2. 被测管的 C B E 按规定进行联接。

3. 将 Y 电流/度置于 I_C 合适档级,X 电压/度置于 V_C 合适档级。

4. 集电极电压按照要求值进行调节并使在左下方(NPN)或右上方(PNP)的零点开始。

5. 选择合适的阶梯幅度/级开关置于电流/级某一档级(一般置于较小档级,再逐级加大至要求值)

6. 选择合适的功耗限制电阻,电阻值的确定可按负载线的要求或保护被测管的要求进行选择。

7. 测试 A 与测试 B 置于被测管连接的一边。即可显示出特性曲线。对所显示的曲线进行读数和记录并计算。

V_{BE}—I_B 特性测试

1. 根据集电极基极的极性将测试选择开关置于 NPN 或 PNP 档级,并将"阶梯"开关置于常态。如基极需要反相电压时可置于"倒置"。

2. 被测管的 C B E 按规定进行联接。

3. 将 Y 电流/度置于基极电流,X 电压/度置于合适的 V_{BE}档级。

4. 集电极电压按要求值进行调节,必要时将×电压/度置于 V_C 档级进行较精确的调节。

5. 将功耗限制电阻置于"0"。

6. 选择合适的阶梯幅度/级开关置于某一电流档级(一般置于较小档级再逐级加大至要求值)。

7. 测试 A 与测试日开关置于被测管连接的一边。就可对所显示的 V_{BE}—I_B 曲线进行读数或记录。

V_{BE}—I_C 特性测试

1. 根据集电极,基极的极性,将测试选择开关置于 NPN 或 PNP 档板并将"阶梯"开关置于常态。如需要反相电压时可置于"倒置"。

2. 被测管的 C B E 按规定连接。

3. 将 Y 电流/度置于合适的 10 档级,X 轴电压/度置于合适的 V_{BE} 档级。

4. 集电极电压按要求进行调节,必要时将 X 电压/度置于 V_C 档级进行较精确的调节。

5. 将功耗限制电阻置于"0"

6. 选择合适的阶梯幅度/级开关置于某一电流档级(一般置于较小的档级,再逐级加大至要求值)。

7. 测试 A 与测试 B 开关置于被测管连接的一边。即可对所显示的 $V_{BE}-I_C$ 曲线进行读数或记录。

在上述测试中一般 E 极为置于"⊥"档级,在特殊情况下也可选择＋或－的电压极性,其电压大小也可在 0～12V 之间进行。

对于稳压管、隧道管、单结晶体管以及可控硅的测试,可按照仪器所提供的电压以及显示的各种特性,进行测试。

(五)二极管特性测试

二极管测试其主要的原理即使仪器提供一个被测管需要的正反两个方向的电压,并且通过 Y 电流/度及 X 电压/度的选择,使其在示波管上显示所要的测量值。

本仪器提供了两种测试手段,当反压＜500V 时可在上述的三极管插座中,利用 C、E 二极进行正向和反向测试,当反压＞500V,电流＜5mA 时,可在专用的二极管测试插孔中进行测试。

在＜500V 二极管测试中,电压极性也由测试选择开关进行转换,当置于"NPN"档级时,其集电极插孔为正电压,置于"PNP"档级时,集电极插孔为负电压。而在 3000V 极管测试中其极性不变,可以通过二极管的测量端的变换达到极性的转换。

附录 5-5　DF1731SC 直流稳压电源

一、主要技术参数

1. 输出电压组数:电压可调两组,固定 5V 电压一组。

2. 额定输出电压:0～30V 连续可调。

3. 额定输出电流:0～3A 连续可调。

4. 纹波:　　　　不大于 1.0mV(CV)

5. 保护:　电流限制保护。

二、使用方法

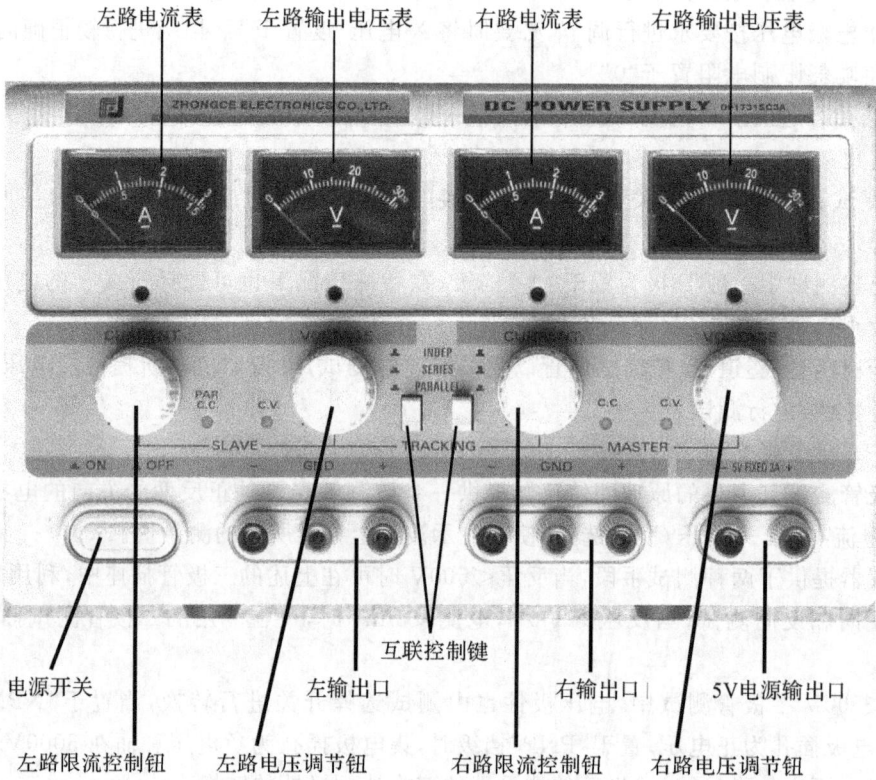

左路电流表　左路输出电压表　右路电流表　右路输出电压表

电源开关　　　　　　　左输出口　　　　右输出口　　5V电源输出口

互联控制键

左路限流控制钮　左路电压调节钮　右路限流控制钮　右路电压调节钮

互联控制键作用：

左按键	右按键	作用
弹起	弹起	两路电源独立
按下	弹起	两路电源串联,电压联调
按下	按下	两路电源并联,电压联调

附录六 实验箱面板布局图

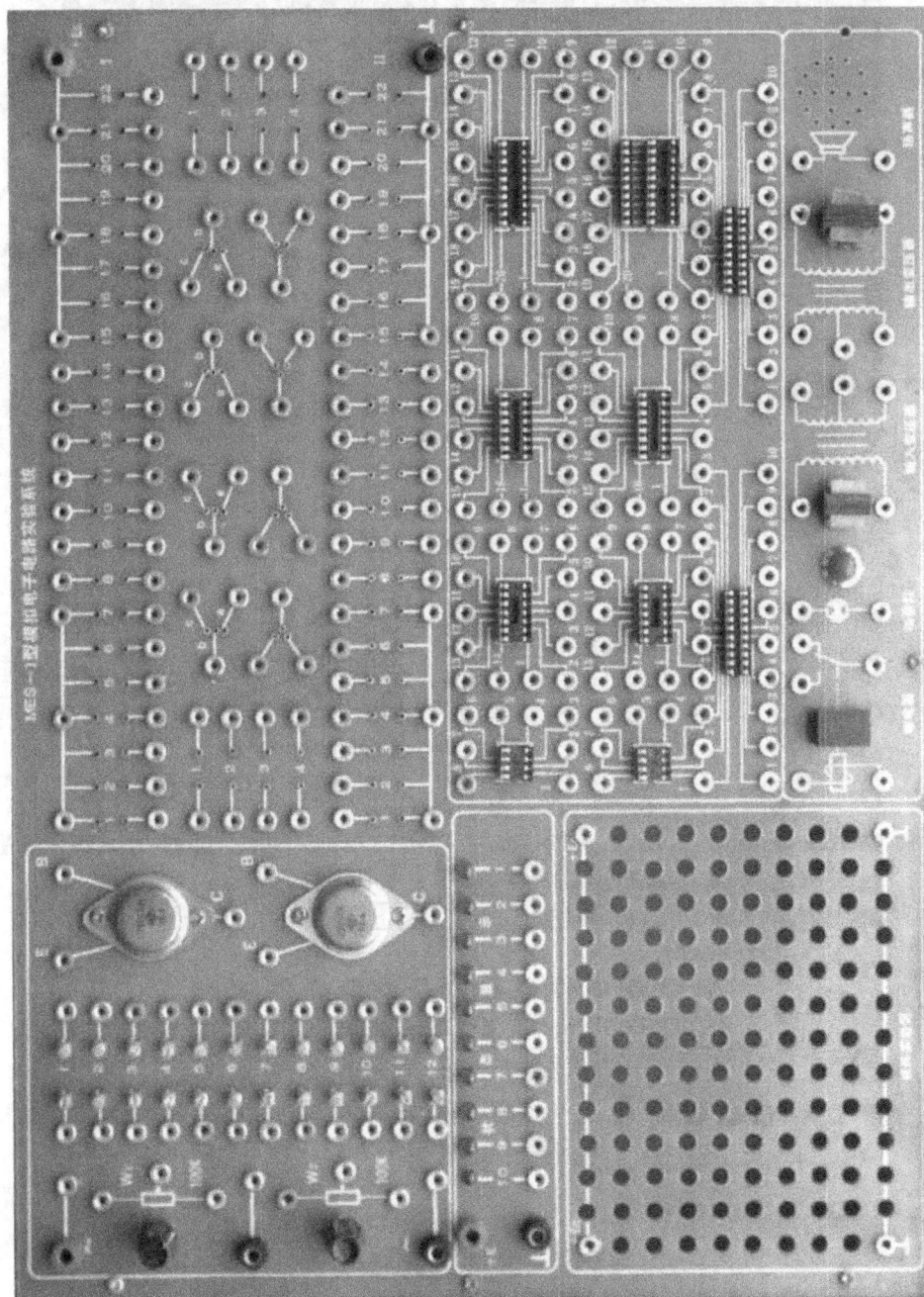

MES-1 型模拟电子电路实验箱面板布局图

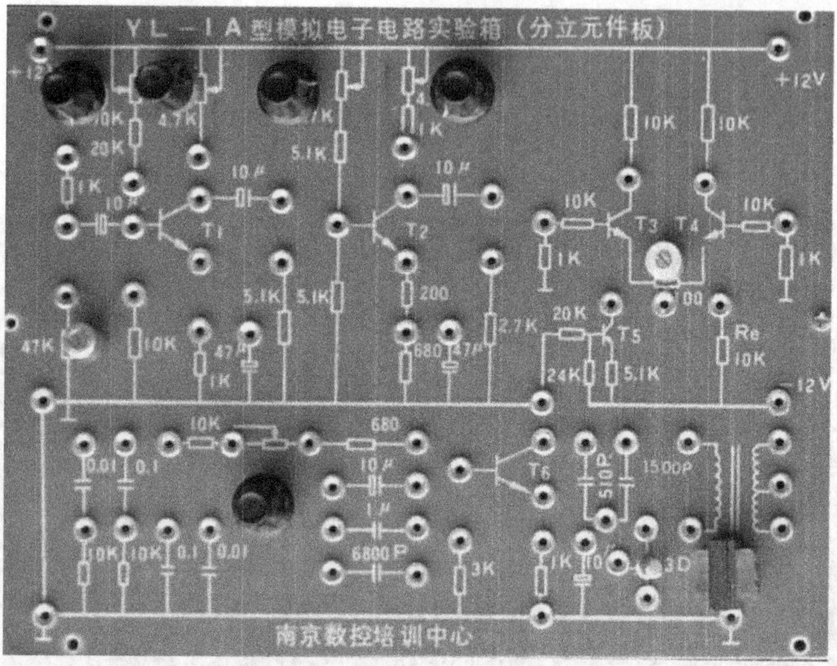

YL-1A 型模拟电子电路实验箱

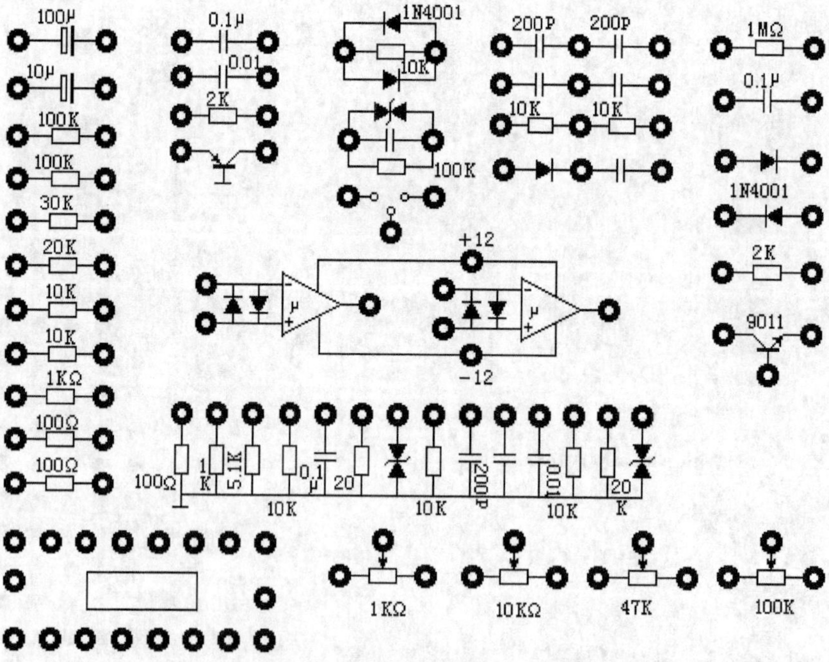

YL-1B 型实验板(集成运放)布局图

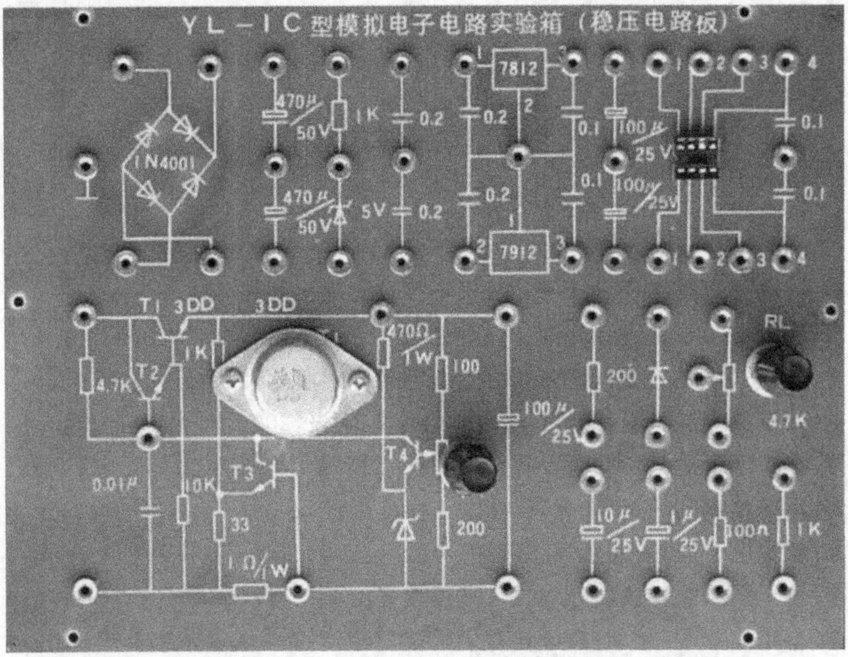

YL-1C 型模拟电子电路实验箱

众友模电实验箱布局图

参考文献

[1] 谢自美等.电子线路综合设计.湖北:华中科技大学出版社,2006.

[2] 姜威等.实用电子系统设计基础.北京:北京理工大学出版社,2008.

[3] 康华光.电子技术基础模拟部分.北京:高等教育出版社,2006.

[4] 陈庭勋.功率放大实验电路分析.浙江海洋学院学报,2003.

[5] 秦曾煌.电工学下册.北京:高等教育出版社,2006.

[6] 陈余寿.电子技术实训指导.北京:化学工业出版社,2001.

[7] 胡宴如.模拟电子技术.北京:高等教育出版社,2000.

[8] 谢嘉奎.电子线路非线性部分.北京:高等教育出版社,1988.

[9] 叶挺秀.电工电子学.北京:高等教育出版社,2004.

[10] 邱关源.电路.北京:高等教育出版社,2006.

[11] 华容茂,过军主编.电工、电子技术实习与课程设计.北京:高等教育出版社,2000.

[12] 最新世界晶体管特性代换手册.福建科学技术出版社,1993.

[13] 最新世界场效应管特性代换手册.福建科学技术出版社,1997.